零基础法式家庭料理

（日）谷升 著　　于春佳 译

煤炭工业出版社

·北京·

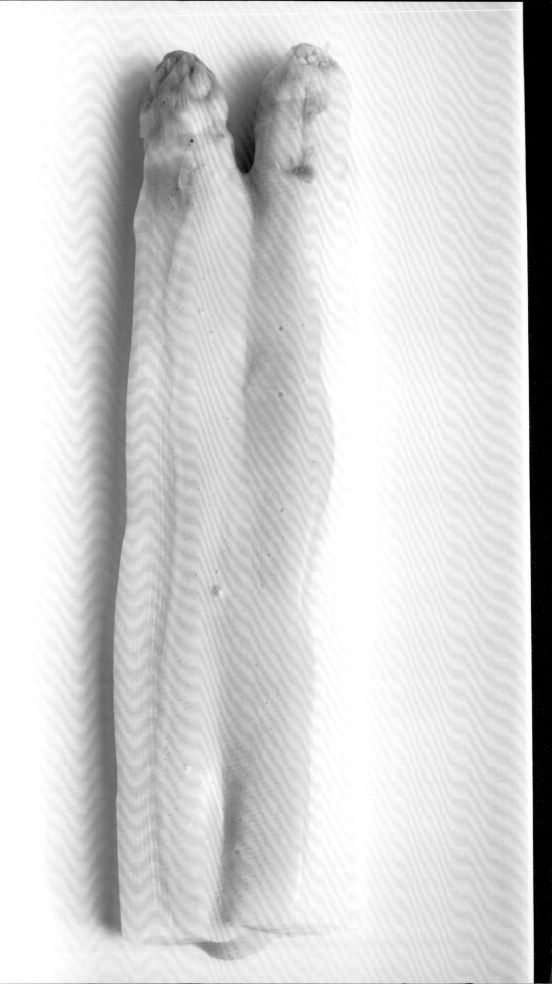

什么样的食物才能堪称美味？
美味的食物是怎样制作出来的？
怎样才能称之为幸福的味道？
每个人出生的地方、环境以及年龄都有所不同，
尽管如此，
但凡是人们饱含情感制作出的料理，
都能让人体会到幸福的味道。

制作料理没有绝对的事情，
也没有什么正确的计算公式，
这本料理书也不过是您制作过程中的一种参考。
虽然如此，我还是希望您能够入手一本，
请相信我，只要您按照食谱上的方法进行制作，
您就能慢慢研究出属于自己的独特美味。

这本《零基础法式家庭料理》集合了我很想亲手制作的十分美味的法餐料理，
并且都是可以在家中制作完成的。
让无论有无烹饪基础、想在家中享用美味的您跃跃欲试。
让用心制作料理的您与自己向往的美味来一场美丽的邂逅，
使您沉浸在制作美味和享用美味的过程中。
希望本书能够对您的料理制作给予一定的帮助，
这将会是我无尚的荣幸！

谷升

制作美味料理的小诀窍

了解食材

  各种食材都具有其自身的特点。根据其产地和季节的不同，每种蔬菜呈现出的甜度、香味以及含水量都有所不同。例如，在炒洋葱的时候，我们都会添加适量清水（参照P127）。但是，新洋葱一般都含有较多的水分，随着储存时间的不同，其含水量也会发生变化，具有一定的差别。炒制过程中，要结合食材中的水分含量加水，入味的时候也是同理。因此，即使相同质量的食材，由于其性质的差异，所呈现出来的味道也是大相径庭的。肉类和鱼类也是如此，虽然每个生长阶段的味道都有其特点，但也要相信自己的最终判断。

切好食材后要拍摄下食材的外观

  例如，在制作啤酒煮牛五花的时候，最终要将牛肉煮成原来的三分之二大小。因此，在切好食材之后，要用相机拍下食材的大小，以便之后用作参考。尤其是制作肉块的时候，肉的形状和大小会有很大的差异，切法也各不相同。制作肉类料理时，要充分结合各种肉类的特点，将其切成体积差不多大小。制作蔬菜的时候也是如此（参照P126洋葱的切法）。

拿到手里

  感受食材的重量和触感也很重要。无论鱼类还是蔬菜类，将其置于手中就能感受出食材的状态。例如，食材中含有水分较多，经过一段时间会变干等状况，您可以通过自己的双手感受出来，进行适当调整。从某种程度上来讲，这样做也能够防止制作的失败。例如，向鸡肉撒盐时，用左手将鸡肉举起，用右手撒盐。即使我每天制作100人份的100块鸡肉，也都会用手拿起来撒盐。

法式料理中没有"椒盐"一词

  法式料理中，根本没有"椒盐"这个词语。正因为我很喜欢胡椒，所以才希望大家能够正确使用胡椒。特别是在制作烤制料理的时候，温度过高就容易产生焦臭味。而制作煮制料理时，如果最开始就加入胡椒，就很容易产生苦味。在料理中添加胡椒的时候，一定要考虑加入的必要性以及时机。食盐和胡椒绝对不是需要组合才能添加的。

盐要一点点加

  制作料理时，如果在最后才一次性加入食盐，很容易加入过多而变得太咸。在加入食材时，一点点加入食盐，能够使盐味慢慢渗入到食材里。一点点累计的咸淡味道也会十分惊人。如果是凭着自己的感觉一点点加入食盐，很容易产生"不会加多了吧"的不安情绪。但有食谱在，您就不必担心了。事先将需要加入食盐的总量用小容器备好，加入时从中一点点取出即可。

提前入味能够使食材的味道更加均匀

在制作分别装盘的拼盘料理时，为使每一份料理的味道更加均匀，需要事先在盘子上撒适量食盐。如果是制作肉块，在入味的阶段还需要考虑肉块的切割方向。另外，鸡皮较难渗入咸味，您可以在鸡肉的部位适当多撒些盐。结合各种食材的特点，您还可以让食材的某一部分味道较浓、在烹调过程中让味道渗透到其余部位等。

去除多余物质

在料理的制作过程中会经常有去除涩味、去除制作过程中溢出的多余油脂的操作，您曾经想过这样做的原因吗？如果没有，就请尝尝涩液和多余油脂的味道吧！尝起来一定不是很美味吧！制作美味料理很重要的一环就是不需要的东西要毫不犹豫地去除掉。

没必要咕嘟咕嘟地煮

制作煮制料理或者煮土豆等食材的时候，当水沸腾后，无需调整火候，让煮制的食材在锅中充分翻滚，将汤汁慢慢煮浑浊、食材煮碎，这样也能体会到很不一样的美味享受。另外，在制作煮制料理的时候一定不要用太大的火。

赏心悦目的烤制颜色

每当料理教科书里提到焦黄色，大家一般会想起什么颜色呢？无论是烤制料理还是炸制料理，我认为料理最后呈现出的赏心悦目的颜色十分重要。此外，我们还可以根据食材是否煮透、烹制经过的时间、食材的弹性、泡沫的状态等判断食材的火候。但是，料理最终的成色在装盘之后还会有些许变化。此外，料理的颜色与美味程度也有很大关系。让我们一起努力做出能够让人赏心悦目的料理吧！

五感通用

制作料理时，需要用眼去观察、用鼻子去闻、用舌头细细品尝、用手去感知，五感都要充分调动起来，如此才能做出美味料理。概括来说，你可以根据料理在锅中烤制的声音、水分与油花融合溅起的声音、食材烤制过程中散发出的香味等大体估量出料理的烹调时间。

记住料理的味道

料理制作也是一种记忆，通过经验的不断累积就能够一点点进步。如果您能够在日常制作过程中不断积累经验，总结出大致的规律，那么绝对可以避免今后的失败。因此，在制作的时候一定要亲自品尝一下味道。"也许看上去不怎样，但味道还很不错呢！"适时品尝味道，还能减少烹调过程中出现的误差。总之，在制作过程中，一定要品尝味道，提高自己制作的经验。借用伟人的一句话，"失败是成功之母"，在料理制作中，这个道理也同样适用。

目录　Sommaire

可以充分享用的煮制料理

谷升主厨的厨房

阅读本书的要点

＊1大勺=15毫升、1小勺=5毫升。

＊标记为橄榄油的一般是指特级初榨橄榄油。

＊每1升鸡骨架汤大约为10克汤宝（颗粒状）用水溶解后制成的。

＊本书中出现的面粉一般是指高筋面。

＊鸡蛋一般选用大号的。

＊用锅没有特别指定，您可以参照食谱中大体的尺寸规格。

＊平底锅一定要选用树脂不粘锅的类型。

＊本书制作方法中没有详细记述洗菜、去皮、去蒂等十分基础的操作方法（有特别要求的除外）。

烹调工具以及烹调规则等

锅和平底锅

本书中的料理全部选用氟树脂制成的平底锅。经过自己的简单加工之后，使用起来更加顺手，减少您料理制作的失败几率。我的店里也会选用这种平底锅。没有必要买多么昂贵、高级的锅，买个便宜的，经过自己的简单加工，就可以用得很顺手。另外，本书中的菜谱均是以选用这种氟树脂锅进行制作时添加的用量。您在使用其他种类的平底锅时，可以根据各种锅的特性进行料理制作。您还可以选用普通家庭用锅，这里没有特别的指定材质。菜谱里还会记载锅的具体尺寸，供您参考。

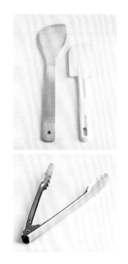

木铲、橡胶铲、夹子

木铲是必须要准备的。除烹炒、搅拌等基本的操作外，将锅底的食材慢慢抄起来的时候也需要用到木铲。木铲常被用于过滤、搅拌、移动锅中食材等操作中。把手较为轻薄、柔和的橡胶铲使用起来更加方便，另外，铲把与铲身融为一体的橡胶铲不容易渗入脏东西，使用起来更加卫生。比起长筷子，夹子能够牢牢夹住食材，操作起来更加简便，也是不可或缺的重要工具。

漏斗和笊篱

漏斗是制成圆锥形的网眼较小的金属过滤器。法国人在过滤的时候，一般会选用漏斗，当然您也可以用笊篱代替。一般家庭料理制作的时候，只选用笊篱就足够了。但建议您选用网眼较细的类型。

细嘴酱汁瓶

我一般会将橄榄油和沙拉酱等放入细嘴酱汁瓶里使用。使用之前，先将瓶嘴切成适当大小，结合橄榄油和沙拉酱等食材的挤出状况进行调整。制作沙拉时，将沙拉酱沿容器边缘慢慢挤入，使用起来十分便利。按住容器顶端后晃动分离开的沙拉酱，能够迅速使沙拉酱恢复乳化状态。

火力

餐厅厨房的用炉一般都是两层火苗的设计，为了介绍更加贴近家庭料理的制作方法，这里我们主要选用内侧火苗进行烹调。因此，您不必有"餐厅用炉火力很大，与家庭料理制作有所区别"的担心了。

一小撮食盐

"一小撮食盐"是指用大拇指、食指和中指3根手指的指尖轻轻捏起少量食盐，一般为1/4~1/5小勺。一般1小勺匙的量为6克，因此一小撮盐是指1.2~1.5克，我一般为1克左右。通常都是凭感觉进行捏取，不需要进行具体称量。反过来说，1克盐大约就是1小撮。只要把握好自己撮取的量，实际操作起来就十分方便了。

让人欲罢不能的西式料理
——法国小餐馆风味料理

19世纪60年代末被引进日本的西式料理，在日本人独特的加工升华下，形成了现在的日式西餐。通过这类西餐料理，我们能够感受到日本人令人叹为观止的创造性。以蛋包饭为首的日式西餐受到人们的广泛欢迎。饱含对料理的敬意，再加上法国亦或是笔者积累的经验，将各种富有特色的人气西餐呈现在您的面前。希望本书能够让您在西餐制作的道路上长期受用。

汉堡牛肉饼

Steak haché

轻轻咬上一口，清香的牛肉味和浓浓的酱汁在口中迅速蔓延。肉酱和肉松的独特口感让您充分体会到肉类带来的美味体验。酱汁还添加了成年人很喜欢的酸爽口感，种种细节打造出让人赞不绝口的汉堡牛肉饼。制作的秘诀是，一定要将肉馅充分冷却好。即使加入大量牛肉，也能够使整个肉饼很好地黏合到一起，肉汁就能很好地保留，不易溢出。烤制的时候，肉里会溢出油脂，无需另外添加食用油。您还可以根据个人喜好在搅碎的肉馅中添加适量猪肉，一般按照猪肉为三成的比例。

食材 2人份

牛肉馅	360克
洋葱	½个（100克）
黄油	10克
A ┌ 牛奶	1⅓大勺
├ 面包屑	20克
└ 鸡蛋	½个
食盐	3克
黑胡椒粉	少许（0.5克）
B ┌ 盐渍胡萝卜块（参照P82）	适量
├ 油煎土豆块（参照P89）	适量
└ 水煮西蓝花	适量

[酱汁]

┌ 红葡萄酒醋	2小勺
├ 酱油	1小勺
├ 水	50毫升
├ 番茄酱	1大勺
├ 伍斯特辣酱油	1小勺
└ 第戎芥末	适量

━ 直径26厘米的平底锅

1 将洋葱切碎备用。将切好的洋葱、黄油、水（分量外）加到锅里，用文火炒至食材出现甜味（参照P127）。

2 将1中炒好的食材放到方平底盘里，使其冷却。待食材稍微冷却之后，将其放入冰箱里。

3 将食材A加到小碗里，搅拌均匀。

4 将碗底部放入冰水里，加入2/3的牛肉馅，用橡胶铲将各种食材搅拌开。加入适量食盐后，迅速搅拌均匀。

5 加入3中处理好的食材，将碗里的各种食材搅拌均匀。搅拌时需要用整只手，用指尖迅速搅拌均匀即可。如果您的手温较高，可以用橡胶铲进行食材的搅拌。

6 当肉馅被搅拌至黏稠到一起（呈泥状），容易粘附于容器底部时，加入1/3的剩余肉馅、黑胡椒粉和2中的食材，继续搅拌均匀。将肉馅搅拌成泥状时，即可完成搅拌。

7 将6中的食材2等分，除去食材的空气。用左手托住肉馅，慢慢用右手将肉馅团圆。

8 将弄好的肉馅团成椭圆形，尽量将其整理成扁平的圆饼状，慢慢按压中间部位，将其弄薄。大致厚度标准为2厘米。手温较高的人可以将肉饼放到案板上，用菜刀等整理形状。

9 将8中整理好形状的牛肉饼摆放于平底锅里，用中火进行加热。烹调过程中不断将肉饼向锅边移动，轻按肉饼中间部位，使锅底一直保留一定的油份。大约煎制2分钟，肉饼周边开始变白时，将肉饼翻转过来。

10 煎制反面的时候，也要让牛肉饼下面存留一定的油脂，将锅里溢出的肉汁不断浇到肉饼上面。煎制过程中使用锅盖的话，容易将肉饼里含有的酱汁煎出来，因此一般不使用锅盖。

11 用牙签插入肉饼最厚部位，如果有透明状肉汁溢出，则说明肉饼已经熟透。取出锅里的牛肉饼，将锅里的油脂清理干净即可。

12 制作酱汁。11中用完的平底锅无需清理，直接用强火加热。向锅里加入适量的红葡萄酒醋，将葡萄酒醋中的酸味挥发出来。加入酱油，加热出香味后，加入适量清水，转动平底锅，用加入的水将锅底的调料稀释开。待锅中食材沸腾后，将火调小，加入番茄酱和伍斯特辣酱油。将芥末溶开后稍微煮制一段时间。将食材B搅拌开，摆放于容器上，放上煎好的牛肉饼，浇上酱汁即可。

蛋包饭

Omelette pilaf de tomate

翻炒之后的番茄酱简直美味到无法形容。充分炒透、蔓延开的酱汁味道让你欲罢不能。搭配的食材也都切成适当大小，与米粒浑然一体。翻炒后的食材与番茄酱的味道相得益彰，给人一种清爽的口感。用红葡萄酒醋制作出的酱汁清爽美味，口感上乘。炒好的鸡肉饭要用比平底锅直径小的深盘子装好成形，这样才能保证最后做好的蛋包饭具有漂亮的外观。

食材 2人份

鸡腿肉	1块（300克）
洋葱	1个（200克）
香菇	8个（80克）
色拉油	少许
米饭	320克
番茄酱	3大勺
酱油	1大勺
鸡蛋	4个
食盐	4克
黄油	45克

［酱汁］

红葡萄酒醋	2小勺
番茄酱	2大勺
伍斯特辣酱油	1小勺
酱油	1小勺
第戎芥末	1小勺
水	80毫升

═══ 直径22厘米的平底锅

1 将鸡肉撒上1.5克食盐，充分揉搓均匀，放置30分钟左右。

2 香菇和洋葱切成7~8毫米小块备用。

3 将适量色拉油和鸡肉放入平底锅里，用文火将鸡肉整体煎成淡黄色(参照P27)。

4 向平底锅里加入10克黄油、洋葱和适量清水（分量外），用文火翻炒至洋葱变甜（参照P127)。撒上0.5克食盐，加入切好的香菇，继续进行翻炒。加入0.5克食盐搅拌均匀后，盛出备用。

5 将鸡肉从中间切开后，继续切成7~8毫米小块。鸡皮向上时切块容易滑开，不好操作，切的时候将鸡皮向下即可。

6 向平底锅里加入30克黄油，加入4、5中处理好的食材和米饭，用强火将米饭和各种食材炒开。炒至各种食材混合均匀后，加入适量番茄酱，继续搅拌均匀。

7 将各种食材充分搅拌开，翻炒均匀，将番茄酱的味道充分炒出来。沿锅边慢慢倒入酱油，将其与锅中食材搅拌均匀。加入1.5克食盐后，搅拌均匀。取出锅中鸡肉饭的1/2，将其置于深口盘子里，成形即可。

8 将1人份的2个鸡蛋打到碗里，充分搅拌开。向平底锅里加入5克黄油，用稍强的中火进行加热，慢慢转动平底锅，使黄油均匀附着于锅边。

9 加热至黄油起泡，这是制作蛋包饭需要注意的一大要领（参照P99)，将搅拌开的蛋液慢慢倒入锅里。煎至鸡蛋呈半熟状态后，放上7中做好的鸡肉饭，整理好形状。将另一侧的蛋皮盖到鸡肉饭上，将其包裹起来。拿起平底锅，直立起来，将锅中的蛋包饭倒入盘子里。另一份也按照相同的方法做好。

10 制作酱汁。向小锅中加入适量红葡萄酒醋，用中火进行加热。加热至锅中食材沸腾、酸味飞出后，加入剩余食材。充分搅拌均匀，将各种食材溶开。最后浇到9中做好的蛋包饭上面即可。

+ 变 化 创 新

鸡肉炒饭

番茄酱的香味是鸡肉炒饭成功的秘诀。鸡肉最开始要整块煎烤，之后再切碎使用。其他食材也都切成适当大小，翻炒的时候能够与米饭很好地融合到一起。加入番茄酱能带给人烤制的感觉。一般将番茄酱的颜色慢慢翻炒渗入到米粒中即可。

欧式牛肉咖喱

Curry de bœuf à l'européenne

加入咖喱粉能让人感受到淡淡甜味，这就是蔬菜的力量，油炸烤制后的各种丰富蔬菜与纯正的咖喱风味融为一体。本料理味道的关键是洋葱的翻炒，慢慢翻炒成淡黄色的软软的洋葱洋溢出浓厚的甘甜风味，这种味道正是整款料理的基础，翻炒的时候一定要注意技巧的把握。做好的酱汁咖喱与食材很好地融合在一起，不会太清淡，浓稠度刚刚好。

食材 4人份

洋葱·············· 3个（600克）
黄油·················· 30克
牛大腿肉············ 360克
番茄··············· 2个（200克）
土豆············· 2小个（240克）
胡萝卜············ 1根（160克）
香菇·············· 8个（80克）
咖喱粉··············· 2大勺
高筋面··············· 1大勺
鸡架汤··············· 1升
芦笋············· 4大根（180克）
食盐················· 24克
色拉油············· 75毫升
米饭················· 适量

— 内径21cm×9cm深锅
— 直径26cm平底锅

1 将1.5个洋葱沿着纤维切成薄片。向锅里加入适量黄油、洋葱、100毫升水（分量外），用强火进行加热。加热至锅中水分蒸发后，调成中火，将锅中食材充分搅拌均匀。大约翻炒50分钟之后，食材会变成图片中的淡黄色，炒至食材稍微带有一定的水分即可。

2 在翻炒洋葱的过程中，给牛肉撒上3克食盐，入味备用。番茄去皮（参照P125），切成一口大小。

3 将土豆带皮切成一口大小，胡萝卜乱刀切成一口大小，剩余一个半洋葱切成半月形，香菇从中间切开备用。

4 向锅里加入咖喱粉，将锅中食材翻炒均匀，炒出香味即可。加入高筋面后继续翻炒，翻炒至食材开始粘锅底后，加入100毫升鸡骨架汤，将锅中各种食材充分搅拌均匀。将上述操作重复2~3次，待鸡汤全部加入之后，加入切好的番茄，文火慢煮。

5 向平底锅里加入1/2小勺（2.5毫升）色拉油、2中备好的牛肉，用强火进行翻炒。加热至锅中食材呈较为漂亮的黄色，开始黏稠后，炒好的牛肉加到大锅里，煮制20分钟左右。

6 向平底锅里加入70毫升色拉油，待油热之后，加入切好的土豆，用强火进行炸制。炸至土豆呈金黄色后，加入3中剩余的蔬菜。

7 加热至洋葱通透，出现甜味之后，加入20克食盐，搅拌均匀。将食材用笊篱捞出，沥干油分。如果加热时间过长，蔬菜中的原汁味道就会流失，因此，要将油分沥干10~20秒后，将食材加到锅里，煮制20分钟左右。

8 将芦笋处理后（参照P125）乱刀切好备用。向平底锅里加入1/2小勺（2.5毫升）色拉油后，加入切好的芦笋翻炒，加入1克食盐。将炒好的芦笋倒入锅里，搅拌均匀后即完成了咖喱酱汁的制作。将米饭装盘，浇上做好的咖喱酱汁即可。

菜肉烩饭

Pilaf

切成大小均一的各种食材搭配在一起，蔬菜、火腿的风味与米饭完美结合。法国风味菜肉烩饭有其独特的美味，制作完成后，那种黏稠的食感与奶酪烩饭十分相似。可以在制作好后彻底冷却，需要食用时用微波炉加热，感受到不一样的口感与美味。还可以做好后置于冰箱中冷藏保存，所以闲暇的时候多做一些，想吃的时候取出热一下即可，食用方法多样，但美味不减。

食材 2~3人份

洋葱……………… 1小个（150克）
香菇……………… 8个（80克）
胡萝卜…………… ½根（80克）
红柿子椒………… 1个（130克）
火腿……………………… 100克
大米……………………… 250克
鸡骨架汤………………… 375毫升
绿豌豆（冷冻）………… 50克
黄油……………………… 85克

🥄 直径21厘米的带盖浅锅

1 将除绿豌豆之外的全部蔬菜、火腿等切成大米粒般的小块。绿豌豆解冻后备用。

2 将80克黄油、切好的洋葱加到锅里，用中火进行加热，稍微翻炒一下。加热至黄油完全化开之后，调为文火，翻炒过程中为防止食材炒糊，一定要不断进行搅拌。

3 翻炒至锅里食材慢慢出现气泡后，加入切碎的香菇，继续进行翻炒。刚加入的香菇会吸收酱汁里的水分，继续翻炒水分会慢慢溢出。随着翻炒过程的继续，食材会慢慢溢出香味。

4 翻炒至香菇溢出香味后，加入切好的胡萝卜继续翻炒。与香菇的翻炒过程十分相似，最开始胡萝卜会吸收锅里的酱汁，然后慢慢溢出水分。稍微搅拌一段时间，食材开始变黏稠后，加入切好的火腿，再翻炒几下。

5 将火腿与其余各种食材搅拌均匀后，加入米饭，调为文火，翻炒，使米粒充分吸收食材的香味。

6 翻炒至米粒呈透明状后，加入鸡骨架汤，将食材搅拌均匀后，调为大火进行加热即可。

7 加热至锅中食材沸腾后，盖上锅盖，调为文火。锅盖上放置一个加入水的锅压住，对锅中食材进行加热。

8 加热10分钟后，取下锅盖，用木铲从外侧将锅中食材搅拌均匀。将食材表面摊平，继续盖上锅盖，锅盖上压上重物。继续加热约15分钟。做好时，锅底会有淡淡的烧焦的颜色。

9 向平底锅里加入5克黄油、切好的柿子椒，用强火进行加热。加热至水分蒸发，开始出来香味后，继续翻炒几下。炒好的辣椒倒入8里，加入准备好的绿豌豆，从锅底将各种食材搅拌均匀。

海鲜通心粉奶酪烤菜

Macaroni au gratin de fruits de mer

这款料理可以让人充分感受到自制酱汁的浓郁与香醇。海鲜的鲜美、通心粉的独特口感、烤制后的香醇奶酪，各种美味相得益彰，酱汁浓醇无比。鸡骨架汤和牛奶的加入，又在浓醇之中增添了一种澄澈味道。经过烤制操作之后，酱汁变硬，给人一种稍显清淡的食感。

食材 2人份

＊长径27厘米、短径16厘米、深4厘米的烤菜专用器皿。

洋葱	1小个（150克）
香菇	8个（80克）
乌贼	70克
扇贝丁	100克
小虾	70克
A ┌ 高筋面	2小勺
└ 食盐	少许（0.5克）
橄榄油	1大勺
食盐	1克
通心粉	150克
菠菜（叶）	70克
帕尔马奶酪（磨碎）	25克
黄油	25克

［面糊］

┌ 黄油	20克
└ 高筋面	20克
鸡骨架汤	200毫升
牛奶	200毫升

▬ 直径21厘米×9厘米深锅

1 将洋葱切薄片，香菇切8等份。乌贼靠近皮的一侧切成浅浅的格子状，然后切成2厘米小块备用。扇贝丁横向从中间切开，切成1.5厘米小块。

2 将切好的海鲜全部放入盆里，加入A中食材搅拌开。加入橄榄油，继续搅拌。将处理好的海鲜放入溶有少许食盐（分量外）的热水里，待热水沸腾后，用笊篱捞出。这样处理后，海鲜的味道更加鲜美。

3 将通心粉放到加入适量食盐（分量外）的热水里，按照通心粉上的指示时间进行煮制。煮好后，用笊篱捞出，沥干热水。

4 制作面饼（参照P62）。向锅里加入适量黄油，用文火加热，再加入高筋面进行翻炒。加入鸡骨架汤后，用中火进行加热。用打蛋器进行搅拌，将锅中食材化开。向锅里加入牛奶，用木铲从锅底不断搅拌食材。加热2~3分钟，直至食材表面较为光滑为止。

5 将洋葱、10克黄油加到平底锅里，用稍弱的文火进行翻炒。洋葱炒出甜味后，将炒好的洋葱加到锅里，加入适量食盐搅拌均匀。将切好的香菇、10克黄油加到平底锅里，用强火炒出香味。将炒好的食材与3中煮好的意大利面一起加入锅里，搅拌均匀。

6 将5克黄油加到平底锅里，用中火加热，制作焦黄油（参照P62）。加入菠菜，用强火进行翻炒。炒至菠菜半熟后，用笊篱捞出备用。

7 向锅里加入6中的食材，搅拌一下，将各种食材搅拌均匀。加入2中备好的海鲜，搅拌均匀。

8 将7中搅拌好的食材全部加到奶酪烤菜盘子里，均匀撒满帕尔马奶酪，边缘部位也全部撒匀。将容器置于180℃的烤箱里烤至食材表面变色。

炸虾

Crevettes panées à l'anglaise

想要制作出甘甜、富有弹性口感的炸虾,处理工作尤为重要。虾仁要用高筋面充分揉洗一下,去除虾肉中的脏物。虾尾中也有较多水分,一定要挤干净。裹面糊的时候不要裹得过多。裹蛋液和高筋面的时候,先多裹上一些,然后充分抖动,将多余面粉抖掉,这样做出的炸虾面衣才不容易掉下来。向蛋液中加入适量水分,将蛋液稀释之后,能够有效防止蘸取过多。炸虾用蛋黄沙司将各种具有地道特色的食材混合到一起,将酸味、咸味等多种不同风味融为一体。

食材 10只份

去头虾（牛形对虾等）…… 10只
食盐……………………………1克
高筋面…………………………适量
蛋液[1个鸡蛋加入1大勺清水]
面包屑…………………………适量
炸制用油………………………适量

［蛋黄沙司］

煮制鸡蛋……………………3个
蛋黄酱（参照P59）… 100克
青葱（切碎）……………… 20克
泡菜小黄瓜（切碎）…… 25克
意大利香芹（切碎）………2克
刺山柑（切碎）……………8克
食盐……………………………1克

柠檬（切成半圆形）………2块
香草色拉（参照P64）…… 适量

1 将虾留尾去壳。处理好的虾仁放入碗里，撒上高筋面，慢慢揉搓，并用水流冲一下。继续重复一次上述操作。

2 用牙签划破虾背，取出虾线。将虾尾斜向切开，用菜刀将虾尾的多余水分挤出。

3 将虾肚纵向切出小口子，取出里面的虾筋。将虾肚向下，用指尖将虾肉弄开后，理顺备用。

4 制作蛋黄沙司。将煮鸡蛋的蛋黄用笊篱弄碎，蛋清切碎备用。将各种食材充分搅拌均匀。

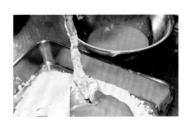

5 在虾上撒适量食盐。用高筋面将虾仁裹起来，抖掉多余面粉，裹面粉的时候要防止虾尾上粘上面粉。

6 手捏虾尾提起虾仁，置于蛋液中，裹上一层蛋液，虾仁轻轻敲打钢盆边缘，抖掉多余蛋液。裹蛋液的时候只用一只手进行操作即可。

7 将面包屑撒遍虾仁。另一只手慢慢转动虾仁，使其充分裹满面包屑后，整理好虾仁的形状。

8 将炸制用油加热至170℃（放入虾仁进行炸制时，以面包屑迅速散开为宜）。炸制时，用手指捏住虾尾，从虾头一侧慢慢放入，将虾身向一侧倾斜，直至整个虾仁漫到油里。大约炸制3分钟，炸至锅里气泡变小，虾仁呈现较为好看的炸制色即可，沥干油分捞出。炸好的虾仁摆盘，摆上蛋黄沙司、柠檬和香草色拉即可。

炸蟹味奶油饼

Croquettes à la crème de crabe

表面酥脆可口，里面的贝夏美沙司则柔软、入口即化，味道十足。本食谱是经过多次实践经验总结出来的，因此对制作方法相当有信心，零失败。想要做出外形较为美观的土豆饼，一定要在向贝夏美沙司里加入螃蟹罐头汁的时候充分加热，将水分挥发出去。秘诀是放入冰箱里醒发至食材完全变凉。为防止外面的面衣会有裂纹，一定要将缝隙等地方用食材填满。如果在裹面衣的时候奶油饼过软，可以再重新放回冰箱里继续醒发。炸制用油要采用较高的温度，这样在奶油饼入锅的瞬间就能将表面凝住。炸制时一定要多加入些油，奶油饼入锅后就不要随便乱动。

食材 16个份

蟹肉罐头………2罐（1罐110克）
蛋黄…………………… 1个份

[面衣]
黄油 ………………… 50克
高筋面 ………………… 50克

牛奶………………… 320毫升
螃蟹罐头汁………… 130毫升
＊牛奶和螃蟹罐头汁加起来450
　毫升
高筋面………………… 适量
全蛋液………………… 适量
面包屑………………… 适量
炸制用油……………… 适量

🍳 内径21厘米×7厘米深小锅

1 将蟹肉罐头里的果肉和罐头汁分开备用。

2 制作面糊（参照P62）。向锅里加入适量黄油，用文火进行加热，加入高筋面后翻炒。慢慢向锅里加入牛奶，用木铲不断进行快速搅拌。将牛奶全部搅拌均匀后，一点点加入罐头汁，将锅中食材充分搅拌均匀。搅拌至各种食材变光滑后，继续搅拌至呈黏稠状即可。

3 关火，加入蛋黄后继续搅拌。加入蟹肉后，充分搅拌均匀。

4 将3中搅拌好的食材放入方平底盘里，摊开并摊平，待食材稍微冷却之后盖上保鲜膜，将方平底盘置于冰箱冷藏室醒发1小时30分钟以上。食材带有温度时不易处理，因此一定要对其进行充分冷却。

5 将4中食材分成16等份。手上抹适量色拉油（分量外），慢慢捏住，去除食材中的多余空气，整理好外形。将整理好形状的奶油饼置于高筋面中，充分裹上一层面粉，最后抖落掉多余面粉，整理好奶油饼的形状。

6 在奶油饼外面裹上一层蛋液，抖落多余蛋液，外面充分裹上一层面包屑。由于外面的面衣很容易脱落，因此操作过程中不要直接接触，裹面包屑的时候也一定要裹满，这样在炸制的时候也不会有裂口。

7 将炸制用油加热至175~180℃，将6中处理好的奶油饼慢慢放入锅里。如果食材过于柔软不易拿取，可以将其置于小漏网上，放入锅里。每次炸制2~3个，炸制40~50秒钟，直至炸制出较为美观的颜色为止。油的温度过低的话，外面的面衣容易破裂。奶油饼放入锅里的时候，油温会有所下降，因此可稍微加强火力，维持在175~180℃。

谷升主厨的厨房

基本调料

黄油

用于制作料理的黄油一般都是无盐黄油,在法国料理中也同样如此。加盐黄油含有较多的盐分,加入之后料理中会含有一定的咸味,使料理的味道控制变得极其困难。这对于追求极致料理的人简直是不能容忍!我一般选用的是Calpis特选黄油,既没有怪味,又不会影响正常调味,味道很好。

食盐

近30多年来,我一直使用伯方盐。伯方盐颗粒较粗,使用起来十分方便,能够充分凸显出食材的美味。我一般在使用之前会将盐放入锅里进行干燥处理,然后用较细的漏斗进行过滤,选取合适颗粒大小的食盐使用。一般用3根手指一捏就是1克左右,也能大体估量出食盐与食材的咸淡情况,使用起来十分方便。

橄榄油

我最常用的是Kiyoe橄榄油。普通橄榄油一般是对橄榄果实进行多重压榨后提炼出来的,而Kiyoe橄榄油则只压榨果实的10%,并且选取的是上部较为清澈的橄榄油原液。由于这种橄榄油没有进行过度压榨,因此不含有反式脂肪酸,这也是这种橄榄油被称之为"橄榄果汁"的原因。其味道和香味较为纯粹,堪为上品。这种橄榄油可以直接使用,也可以加热后使用,可谓万能,而且对身体也很好。无需区分特级初榨橄榄油和纯正橄榄油,倒入细嘴油壶里任意使用,美味又方便。

鸡骨架汤

汤汁调料建议您选择无任何化学添加剂的鸡骨架汤。这种调料使用起来十分方便,不会给料理增加多余的味道,能够充分体现出食材的纤细香味。本书中,为了能够让您更加尽情地体会家庭料理制作的乐趣,直接省去了自己制作汤汁的步骤,有必要时,可以直接选用鸡骨架汤。选用清汤类的话,料理中的味道会变得更加复杂,这种鸡骨架汤就刚好。

葡萄酒

白葡萄酒和红葡萄酒均选用产自澳大利亚的品种。白葡萄酒选用的是Chardonnay,酸味较浓。红葡萄酒一般选用Cabernet Sauvignon,酒中含有的鞣酸较多,一般需要煮制,煮制之后料理中会残留淡淡的葡萄酒涩味,颜色也较深,特别适合用于制作料理。

鲜奶油

一般选用乳脂含量38%左右的鲜奶油。选用鲜奶油的时候,一定要选取不添加植物性脂肪的品种。植物性脂肪会使料理的风味下降,因此不推荐使用。

简单又美味的肉类和鱼类料理

制作肉类和鱼类料理最重要的就是充分利用食材里的水分。水分不仅与料理的口感有直接关系，还与料理的美味程度息息相关，因此充分利用能够起到致胜的作用。制作时，在保留食材中水分的同时，也要去除食材中的怪味。这是料理制作所遵循的基本条件。鱼肉类中含有的油脂也能够转化为香味和甜味，酱汁需要利用各种食材的特点，将味道达到极致和简单的程度。这样，既能体现出食材的精良，又能品味到搭配的精妙。

煎鸡腿肉

Poulet sauté

煎制时要尽量防止鸡肉里水分的流失，使做出的鸡肉汁液饱满，外皮酥脆可口。淡淡的咸味能够更加凸显出鸡肉的美味。进行入味时，鸡肉经过冷冻，温度很低，味道很难渗透到肉里，所以入味前一定要先将其恢复至室温。进行煎烤的时候，先从肉的一侧进行烘烤，能够防止外皮烤焦。边烤边浇上溢出的油脂，能够将鸡肉较厚的部位也充分煎熟。通过这样的方法将鸡肉间接煮熟，保持较为松软的口感。最后挤上适量柠檬汁，使做出的鸡肉更加清爽。

食材 2人份

鸡大腿肉	2块（600克）
食盐	6克（占肉的1%）
橄榄油	1小勺
柠檬（切成半月形）	2瓣

直径26厘米的平底锅

1 如果鸡肉中有软骨，一定要去除，并切掉较粗的大筋。将肉筋切断能够防止鸡肉在加热过程中收缩。

2 将每块鸡肉均匀抹上3克食盐。由于鸡皮一侧不容易渗入咸味，因此可以在鸡肉一侧多撒些食盐。撒好食盐后，对鸡肉进行揉搓，使咸味充分渗入鸡肉里。将鸡肉置于室温中腌制15分钟以上。您也可以几天前将鸡肉腌好备用。

3 向平底锅里加入适量橄榄油，将鸡肉一侧向下摆放在平底锅里，用文火进行煎烤。大约将鸡肉加热至图中状态，稍微加热1分钟左右。

4 煎至鸡肉下面发白之后，将鸡肉翻转过来，用中火加热。此时，如果火较小，容易将鸡肉中的水分过度蒸发出去，要注意火候的把握。煎制过程中要不断将鸡肉沿锅沿慢慢向上滑动，这样能够保持煎制过程中鸡肉下面都有热油滋润的状态。

5 用汤勺不断舀起沥出的油分，浇到鸡肉上面，保持这种制作方法，大约煎制10分钟左右。不断往鸡肉上浇油汁不仅能够保证鸡肉一侧充分熟透，还能使鸡肉较厚的地方也能够充分受热、熟透。如果煎制过程中鸡肉里渗出的油脂过多，可以适当取出扔掉。

6 加热至鸡肉表面呈透明状且能够溢出肉汁、鸡皮呈现较为美观的烤制颜色后，关火即可。如果您担心鸡肉没有熟透，可以用牙签串动肉质较厚的部分，若里面的鸡肉能够渗出透明状肉汁即表示熟透了。

7 扔掉锅里的多余油脂，将鸡肉翻转过来，利用锅的余热继续烤制2~3分钟。最后装盘，放上柠檬装饰即可。

巴斯克风味煮鸡肉

巴斯克是指横跨西班牙北部和法国西南部的巴斯克地区。巴斯克风味料理一般是指法国巴斯克当地的乡土料理。料理中加入大量青椒、大蒜、番茄为其主要特征，尤其以大量添加青椒而得名。料理中多加入各种蔬菜，酱汁里一般具有与番茄酱十分相似的甘甜口感。如果您喜欢辣味料理，还可以加入适量辣椒粉。一般在炒洋葱时加入即可。

食材 2人份

煎鸡腿肉…………… 2块
红柿子椒… 1个（130克）
洋葱… 1小个（150克）
青椒…… 4个（100克）
大蒜……… 2瓣（20克）
橄榄油…………… 1大勺
鸡骨架汤宝……… ½小勺
白葡萄酒……… 150毫升
番茄水煮罐头…1罐（400克）
食盐…………… 2克
黑胡椒粉…………… 2克
欧芹（切碎）…… 适量

1 将红柿子椒烤后去皮（参照P125）、去种，切成3毫米宽的条状备用。洋葱和青椒也采用同样的方法切好备用。大蒜从中间切开。煎鸡肉也切成4块备用。

2 将适量橄榄油和切好的大蒜加到平底锅里，用强火翻炒。炒至食材呈淡茶色时，加入切好的洋葱和青椒（如图a），将锅中各种食材搅拌均匀。为防止食材变焦，加入适量清水（分量外，约1大勺）。加热至洋葱变软之后，向锅里加入切好的红柿子椒、鸡骨架汤宝、白葡萄酒，继续煮制。加热至锅中水分变少之后，加入准备好的番茄罐头，继续用强火加热。

3 加热至锅中水分剩余一半左右，食材慢慢呈黏稠状（如图b）后，加入切好的煎鸡肉，搅拌均匀后，继续煮制2~3分钟。加热过程中，锅中水分不够的话，可适量添加。撒入适量食盐、黑胡椒粉，最后撒上欧芹即可。

大蒜油煎鸡肉蘑菇

散发着大蒜香味的油煎鸡肉和蘑菇，慢慢翻炒出来的蘑菇将美味浓缩。这道料理的美味秘诀是将蘑菇里的水分充分翻炒出来。建议您还可以添加适量酱油，这道料理还可以变身为与米饭搭配的和式下饭菜。您还可以用切碎的大蒜代替大蒜油。

食材 2人份

煎鸡腿肉⋯⋯⋯⋯⋯⋯⋯⋯⋯1块
蘑菇（灰树花菌、杏鲍菇、蘑菇、
　香菇、蟹味菇等） 合计190克
黄油⋯⋯⋯⋯⋯⋯⋯⋯ 25克
青葱（切碎）⋯⋯⋯⋯⋯ 10克
食盐⋯⋯⋯⋯⋯⋯⋯⋯⋯2克
欧芹（结合口味添加，切碎）适量
大蒜油（参照P59）⋯⋯1小勺
黑胡椒粉⋯⋯⋯⋯⋯⋯ 少许

1 将菌类菌柄下部清理干净，切成适当大小。煎鸡肉切成适当大小备用。

2 将黄油加到平底锅里，用强火加热。加热至呈榛子色（柔和的土黄色），黄油不冒泡泡后，加入切好的菌类（如图a），用强火翻炒。将菌类中的水分完全翻炒出来后，加入切好的青葱，搅拌均匀。撒上适量食盐，加入切好的煎鸡肉，继续进行翻炒（如图b）。加入切碎的欧芹，搅拌均匀后，关火。加入大蒜油，将锅中各种食材充分搅拌均匀后，撒上适量黑胡椒粉即可。

香草风味煎猪肉

Porc sauté aux herbes

将香草和白葡萄酒的风味尽情凸显出的油煎猪肉香气醇厚, 回味悠长。您可以在制作的前几天将其用调料充分腌渍一个晚上。用来腌渍的调味汁还可以用作制作酱汁, 味道浓郁。慢慢用小火煎制出的猪肉口感绝佳, 肉汁浓郁。肉的切口部位呈淡粉色, 既美观大气又简单美味, 是一道可以登上大雅之堂的猪肉料理。制作酱汁时, 您还可以结合自己的喜好, 添加鲜奶油、黄油、胡椒粉、蛋黄酱等食材。

食材 2人份

猪里脊厚片········ 2片 (400克)

A ┌ 白葡萄酒············· 50毫升
  │ 普罗旺斯香草··········· 1克
  │ 食盐 ················· 1克
  │ 黑胡椒粉······ 少许 (0.5克)
  └ 橄榄油··············· 5克

色拉油················· 1小勺

━━ 直径26厘米的平底锅

1 将食材A撒到猪肉上,充分揉搓均匀。将裹好调料的猪肉放入密封保鲜袋里,在冰箱冷藏室里放置一晚。腌渍时间最长可以一周左右,腌渍时间越长,猪肉的成熟和发酵就越充分,腌出的猪肉味道也更加浓郁。

2 将腌好的猪肉置于铺有干净纸巾的方平底盘里,吸干猪肉里的水分。腌制的调味汁可以用来制作酱汁,放置备用。

3 将调味汁倒入小锅里,用强火加热。加热至调味汁里出现小的结块之后,将其倒入铺有纸巾的笊篱里过滤。过滤后的汁液可直接用作酱汁。

4 将猪肉的肥肉一侧向下立于平底锅里,用中火烤制。烤至猪肉呈较为美观的烤制颜色后,扔掉锅中多余油脂。

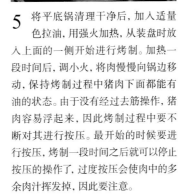

5 将平底锅清理干净后,加入适量色拉油,用强火加热,从装盘时放入上面的一侧开始进行烤制。加热一段时间后,调小火,将肉慢慢向锅边移动,保持烤制过程中猪肉下面都能有油的状态。由于没有经过去筋操作,猪肉容易浮起来,因此烤制过程中要不断对其进行按压。最开始的时候要进行按压,烤制一段时间之后就可以停止按压的操作了,过度按压会使肉中的多余肉汁挥发掉,因此要注意。

6 将肉的一侧烤上较为美观的烤制颜色后,将猪肉翻过来,另一面也采用同样的方法进行烤制。按压猪肉的中间部位进行查看,若看到肉中间部位有红色半透明肉汁溢出,这就表明烤好了。如果烤制颜色较淡,可以将火调大。取出烤好的猪肉,切成1.5厘米小块。

7 制作酱汁。倒出6中平底锅里的油脂,加入3种过滤好的肉汁,用文火加热,稍微煮制一段时间。

8 将6中烤好的猪肉装盘,浇上7中做好的酱汁即可。

+变化创新

猪肉炒坚果水果干

香喷喷的坚果、甘甜浓厚的水果干遇上鲜嫩的猪肉,这样的搭配怎会让你不为所动?制作过程中适量加入一些清水,能够将水果干的味道充分释放出来,使整个料理的味道更加多元化。经过煮制浓缩的香醋与酱汁的味道完美融合,您一定要亲自感受一下这种难以言表的美味。

食材 2人份

香草风味煎猪肉···1½块(300克)	
A 葡萄干	20克
无花果干	25克
杏干	25克
B 杏仁	15克
腰果	25克
C 榛子	20克
松子	5克
开心果	5克
色拉油	2大勺
水	30毫升
黄油	10克
黑胡椒	适量
食盐(尝味)	1克

1 将煎猪肉切成一口大小。A中所有水果干切成葡萄干大小。

2 将适量色拉油、A中切好的食材加到锅里,用中火翻炒。炒出颜色后,加入食材B翻炒,防止锅中食材被炒上颜色。炒出颜色(腰果容易上色,以其颜色为标准)后,沥干锅里的油分。向锅中加入食材C、清水,用中火煮制,将水果干的味道充分煮出来。向锅中加入切好的煎猪肉、黄油,搅拌均匀。多撒些黑胡椒粉,尝一下味道,加入适量食盐。

法式汉堡
Bitok

Bitok一般是指法式料理中的汉堡包。在牛肉馅里加入大蒜、生姜等进行调味之后，将其整理成薄薄的一层，置于平底锅里进行烤制。制作时没有添加面包屑，因此将肉馅做成富有黏性的状态很重要。做好的肉馅保持较低的温度，也是为了使其容易黏连在一起，这也是制作西式汉堡的一大技巧。酱汁则选用较为简单的第戎芥末酱和黑胡椒粉即可。

食材 2人份

牛肉馅	……………………	300克
洋葱	……………………	½个（100克）
黄油	……………………	10克
水	……………………	100毫升
食盐	……………………	少许（0.5克）
A ┌ 洋葱	……………………	20克
│ 生姜	……………………	5克
│ 大蒜	……………………	5克
└ 水	……………………	50毫升
B ┌ 食盐	……………………	2.5克
└ 黑胡椒粉	……………………	少许（0.5克）

[酱汁]

┌ 第戎芥末酱	……………………	适量
└ 黑胡椒粉	……………………	适量

直径26厘米的平底锅

1 将洋葱切成7~8毫米小块状。将切好的洋葱、黄油、适量水加到平底锅里，用较弱的中火将食材炒出甜味（参照P127），加入适量食盐。将炒好的洋葱放入方平底盘里进行冷却，待大体冷却之后，将其放入冰箱冷藏室。

2 将A中全部食材放入搅拌机里搅拌。或者将食材直接弄碎后搅拌均匀。

3 将玻璃容器底部放入冰水里，向容器里加入2/3的肉馅、2中食材以及食材B，搅拌均匀。

4 保持肉馅较低的温度，用指尖将肉馅和各种食材搅拌均匀，搅拌过程中尽量防止手的热量将肉馅弄热。如果肉馅中脂肪部位仍呈白色，则表示搅拌不充分，应继续搅拌直至肉馅呈黏稠状即可。

5 搅拌至肉馅中的白肉和瘦肉融为一体、呈黏稠的泥状之后，继续加入剩余的1/3肉馅，稍微搅拌均匀。继续加入1中食材，搅拌均匀。搅拌至泥状的肉馅和较为松散的肉馅均匀分布后，即可完成肉馅的制作。

6 将5中食材4等分，去除肉馅里的空气。将肉馅弄圆，整理成较薄的饼状。如果手温较高时，将肉饼置于案板上进行操作，用菜刀等整理好肉馅形状（参照P11）。

7 将6中整理好的肉饼摆放于平底锅里，用稍强的中火加热。制作过程中要注意防止肉饼碎开，移动时要慢慢向平底锅上部滑动，煎制过程中要保持平底锅下部一直有适量油脂。煎至肉饼周围发白之后，将其翻转过来。

8 翻转过来进行煎烤的时候，也一定要保持肉饼下部有油脂的状态，煎制过程中要不断用汤勺舀起肉汁浇到肉饼上。加热到最后阶段再盖上锅盖。将煎好的肉饼摆放于盘子里，添加适量芥末酱和黑胡椒粉即可。

肉酱
Sauce bolognaise

充分享受肉类食材慢慢熬制出的芳香肉酱。调味时只添加食盐和胡椒粉，简单却美味。多种香味蔬菜、番茄、牛奶以及红酒的添加，使酱汁更加浓郁。想要充分凸显出肉的风味，要对肉酱进行充分翻炒。炒好的肉酱要置于小漏勺里沥干多余油分，充分去除肉酱里的怪味。加入牛奶和红酒时，一定要进行充分加热，将酱汁里的多余水分挥发掉。

食材 容易制作的分量

牛肉馅	700克	红葡萄酒	500毫升
洋葱	30克	水煮番茄罐头	4罐（1.6千克）
胡萝卜	30克	＊用生番茄时也采用相同的	
芹菜	30克	用量	
大蒜	30克	食盐	约4克
牛奶	240毫升	黑胡椒粉	适量

━━ 直径26毫升的平底锅
━━ 直径21厘米×9厘米深的圆锅

1 将洋葱、胡萝卜、芹菜、大蒜切碎后备用。

2 将牛肉馅加到平底锅里，用中火进行加热。用较大的汤勺按压肉馅，将其打散、弄开，呈颗粒状。

3 加热过程中牛肉会不断溢出水分，一定要加热至肉粒完全散开。

4 大约翻炒12分钟后，调为强火，将肉酱中的水分充分挥发出去。翻炒至肉粒溢出香味，肉粒上出现较浓的烤制颜色后，撒上3克食盐，搅拌均匀。

5 将炒好的肉酱倒入笊篱里，沥干多余油分。放置时间过长的话，肉酱的味道容易散去，一般放置1分钟左右，使其自然沥干油分即可。

6 将5中沥干油分的肉酱放回平底锅里，加入切好的大蒜后，用中火继续翻炒。炒至食材溢出香味后，加入切好的洋葱、胡萝卜、芹菜后，搅拌均匀。

7 加入牛奶后，用强火加热，边搅拌边进行翻炒。牛奶可以中和肉中的酸味，增加酱汁的黏稠度，去除肉中的怪味。继续翻炒至肉酱中没有水分，肉粒稍微干巴即可。如果此阶段没有对肉粒进行充分翻炒，下一阶段加入红酒后，肉粒容易与红酒分离。

8 向锅中加入适量红葡萄酒，煮至锅中没有多余水分即可。煮制过程中不需要去除食材中的泡沫，这样能够将红酒中的味道充分浓缩。

9 充分煮好后，将肉酱移到圆锅里，加入过滤后的水煮番茄罐头，用强火加热。最开始的时候不要对锅中食材进行搅拌，待锅中食材沸腾后，调为较强的文火，继续对锅中酱汁进行煮制，大约煮1小时左右。煮制过程中要时常对食材进行搅拌。

10 大约煮制1小时，煮制过程中要注意防止食材粘在锅上。煮至食材里能稍微看到水分，下面有肉粒能够黏附在一起即可。用木铲将锅底部位的肉酱充分搅拌均匀。

11 用木铲对锅底部位食材进行充分搅拌，搅拌至食材中没有水分溢出即可。如果感觉味道不够，可以添加适量食盐（大约1克）。加入适量黑胡椒粉后，搅拌均匀。用手指按压肉粒，能够轻松弄碎时即为较理想的煮制状态。

保存方法

做好的肉酱也可以冷冻保存。将炒好的肉酱置于保鲜袋里，挤出空气，整理平整后保存即可。解冻时可以置于微波炉里稍微加热。由于酱汁里的水分与肉粒容易分离，使用前需搅拌均匀。

肉酱面包片

在法语中，肉酱面包片一词的语源是具有"涂抹"意思的tartine，是在切成薄片的长棍面包上涂抹黄油、果酱以及各种您喜爱的食材制成的。在法国，这是最常见的面包食用方式。放上奶酪、欧芹末和橄榄油，您就可以根据自己的口味尽情享用美味了。

食材

肉酱………………………………………………	适量
长棍面包…………………………………………	适量
A ┌ 大蒜（去芯）…………………………………	适量
│ 帕尔马奶酪（磨碎）、欧芹（切碎）、橄榄油	
└ ……………………………………………	各适量

1 将长棍面包切成1厘米厚的片状后，稍微烤制一下，将大蒜在烤好的面包上摩擦几下，将面包抹上蒜香味（如图a）。

2 在1中处理好的面包片上放置适量肉酱，放上些A中食材即可。

肉酱意大利面

虽然用肉类和蔬菜调和出的美味肉酱可以通过不同方法领略到不同风味，但总感觉一定要搭配上经典的意大利面。面条煮汁不仅可以调整料理中的咸淡，还可以使意面与酱汁充分融为一体。

食材 1人份

肉酱……………………………………………	150克
意大利面………………………………………	100克
帕尔马奶酪（磨碎）…………………………	适量
热水……………………………………………	2升
食盐…………………………………	20克（热水的1%）

1 将意大利面置于加入适量食盐的热水里，按照规定时间进行煮制，煮好后用笊篱捞出沥干水分，取出适量面条煮汁备用。

2 将适量肉酱、1中食材、帕尔马奶酪等加到平底锅里，用文火进行加热。向锅中加入50毫升面条煮汁，搅拌均匀后，使煮汁充分乳化即可（如图a）。

肉糜茄子

肉糜茄子是一种发祥于北非一带、后来在希腊和土耳其流行开来的烤制料理，是将茄子、羊肉末、贝夏美沙司交替放入模具中，置于烤箱里烤制出来的，不同地区有不同的烤制方法和变化样式。为了充分品味纯正牛肉酱汁的风味，这里我们只添加茄子和面包屑等简单食材。

食材 2人份

＊长24厘米×宽15厘米×深5厘米的奶酪烤菜用盘

肉酱	150克
茄子	4大根（500克）
食盐	3克
橄榄油	5大勺
面包屑	12克

1　将茄子去蒂后，切上较为整齐的浅浅纹络（如图a），去除萼片。将茄子从中间纵向切开，切开部位划上纹络。撒上适量食盐，对茄子进行腌制，大约放置10分钟（如图b）。腌出的水分有涩味，沥干水分，稍微擦拭一下备用。

2　向平底锅里加入适量橄榄油，待油热之后，将切开一面冲下，加入1中切好的茄子煎制。将茄子皮一面向上的话，茄子皮犹如加盖的效果，能够起到对茄子进行蒸烤的效果。烤好后，压住茄子蒂的部位，用汤勺将茄子肉刮下来（如图c）。将取下的茄子肉置于笊篱上，沥干里面的涩味和橄榄油（如图d）。

3　将肉酱和2中处理好的茄子肉放入碗里，搅拌均匀。搅拌好的食材倒入奶酪烤菜烤盘里，撒上适量面包屑。食材放好之后，不要立即进行烤制，待面包屑被浸湿变色、充分吸收茄子汁液后再进行烤制。放入预热至180℃的烤箱里，将茄子烤上颜色即可。

a

b

c

d

炸鸡肉
Poulet frit

将炸好的鸡肉与青葱蘸汁混合到一起,让您品味到酸味和风味兼具的炸制鸡肉。炸制用面粉一般选用高筋面,炸鸡肉也不例外,因为高筋面做出的面衣才会有酥脆的口感。最后,将炸好的鸡肉与蘸汁充分混合,进行入味的时候一定要将咸味腌制进去,这是制作肉类料理的基本。拌入蘸汁的时候,如果鸡肉冷却,不易入味,一定要趁热搅拌均匀,使鸡肉充分吸收味道。

食材 2人份

鸡翅根⋯⋯⋯⋯⋯⋯⋯⋯ 10根(600克)
食盐⋯⋯⋯⋯⋯⋯⋯⋯⋯⋯⋯⋯4克
雪利酒(或者绍兴酒)⋯⋯⋯ 50毫升
高筋面⋯⋯⋯⋯⋯⋯⋯⋯⋯⋯2大勺
炸制用油⋯⋯⋯⋯⋯⋯⋯⋯ 适量
青葱蘸汁(参照P58)⋯⋯⋯⋯2大勺

雪利酒

雪利酒是一种原产自西班牙赫雷斯的白葡萄酒,味道清新、醇美甘甜,极具魅力,比较适合用于制作味道不是很甜的料理。制作炸鸡时,一般会选用带有辛辣口味的"菲诺",营造一种浓醇的口感。用其他酒类代替雪利酒时,不建议您选用白葡萄酒,因为白葡萄酒酸味较强,建议您可以在日本酒中加入适量米醋进行烹调。

1 将洗干净的鸡肉置于容器里,撒上适量食盐,将鸡肉与食盐充分揉和到一起。加入雪利酒,继续进行揉搓。大约放置1小时,使食材中的水分充分渗入鸡肉里,这样能够增加鸡肉的鲜嫩口感。

2 向1中加入高筋面,将面粉与鸡肉揉搓到一起,注意防止鸡皮被揉碎。搅拌出面筋后,裹上面粉,将美味充分包裹起来。

3 将炸制用油加热至170℃(以放入鸡块后面粉屑会迅速散开为宜),捏住鸡翅根前端,将带有肉的一侧先放入油里,稍微捏住一段时间,使油温将鸡肉上部炸出外皮,然后慢慢松手,使翅根缓缓沉下去。如果您加入的油量可以没过鸡肉,炸制过程中就无需对其进行翻转,如果加入的油量较少时,炸制过程中还需要翻转。炸制鸡肉周围的气泡变小,呈现较为美观的炸制颜色,只需6~7分钟即可将炸好的鸡肉从油锅里捞出,沥干油分。如果您担心鸡肉内部没有熟透,可以用牙签插动进行确认。还可以插动肉质较厚的部位,如果较厚部位已熟透,整个炸鸡就炸透了。

4 将炸好的鸡肉放入碗里,趁热浇上青葱蘸汁进行入味即可。

烤牛肉

Rosbif

即使在家中也能简单制作出具有法式风味的鲜嫩多汁烤牛肉。在肉上慢慢浇上热油，使其慢慢均匀受热。在制作之前对牛肉进行充分醒发，能够使其在加热过程中不易蒸发多余肉汁，在加热过程中，通过肉的膨胀，还能保住水分，增加肉的鲜嫩口感。对肉进行醒发时，一定要选择较为温暖的地方。这道料理的咸淡也需要把握好，一般理想状态的盐量是食材的1%，并且是按照去筋后的牛肉进行计量。肉筋的含量不尽相同，您可以在各种处理工作做好之后再进行计量。

食材 2人份

牛肋肉……………………… 去筋600克
食盐………………… 6克(肉量的1%)
色拉油………………………1小勺
奶酪烤土豆（参照P86）……… 适量

▬ 直径26厘米的平底锅

1 将牛肉去筋。用菜刀插入肉缝里，将肉块自然分开，整理好形状。一般870克的牛肉去筋后剩余600克左右。

2 将牛肉整理成想要制作成的形状，在肉表面均匀撒上适量食盐，使其充分入味。将入味的牛肉置于冰箱冷藏室里最少半天。

3 将2中入好味的牛肉放入室温里进行恢复。向平底锅里加入适量色拉油，用文火加热。将装盘时向上一面冲下，放入2中处理好的牛肉进行煎制。烤制6~7分钟，烤上较为美观的颜色后翻转过来。

4 用汤勺慢慢舀起溢出的油脂，将其浇到牛肉上，继续煎5~6分钟。整个煎制过程一直采用文火加热。如果在肉周围浇上油脂，能够使肉的各个部位均匀受热，即使较为厚的部位也能充分熟透。

5 牛肉的上下两面煎好之后，侧面也要进行适当煎烤。利用平底锅的侧面，将肉块立起来，这样就能保证整个肉块都被煎烤到。

6 当煎至肉块中间部位稍微鼓起的时候，即表示烤制完成。按压肉块，如果还有红色血汁渗出来，则表明牛肉为半熟状，按压时有透明肉汁溢出时，则表明充分熟透。将煎好的肉块取出，置于方平底盘里，在较为温暖的地方进行醒发，醒发时间与烤制时间大致一样。醒发好的牛肉切成5~6毫米厚，直接装盘，摆上做好的奶酪烤土豆装饰即可。

＋变化创新

长棍面包夹烤牛肉孔泰奶酪

在法国，人们会经常购买长棍面包三明治食用。只需简单地加入奶酪就十分美味。加入烤牛肉之后，三明治就摇身变得奢侈起来，您甚至还可以用来招待客人。制作时除了可选用孔泰奶酪外，还可以选用格律耶尔奶酪等易溶性的奶酪类型。

食材

烤牛肉（切薄片）、长棍面包、孔泰奶酪（切薄片）、黄油、第戎芥末酱
………………………… 各适量

将黄油和第戎芥末酱涂抹于面包片上，加上切好的烤牛肉、奶酪即可。

施特罗加诺夫炖牛肉

Bœuf Stroganoff

施特罗加诺夫炖牛肉是修建西伯利亚铁路的贵族施特罗加诺夫家的法国主厨创造的做法。由于这是一道俄罗斯料理，料理中用酸奶油代替鲜奶油。除清脆的泡菜黄瓜外，料理中还添加清爽味道的柠檬，使料理的酸味更加浓烈，更加凸显出牛肉的美味。味道的重中之重当然是作为烹饪主角的牛肉。烹制牛肉时要选用强火，将整块牛肉都快速烤上颜色。配料一定要添加黄油炒饭。大量添加的黄油使料理的颜色更加美观。

食材 2人份

切块牛肉	300克
香菇	150克
泡菜黄瓜	50克
黄油	30克
食盐	4克
黑胡椒粉	少许
欧芹（切末）	1小勺
柠檬	½个
酸奶油	150克

[黄油炒饭]

米饭	200克
黄油	30克
水	60毫升
食盐	1.5克

 直径26厘米的平底锅

1 将香菇、黄瓜泡菜切成3~4毫米厚的小块。

2 向平底锅里加入适量黄油，用强火加热，待油热之后，加入切好的牛肉，翻炒几下，继续加入1.5克食盐。将牛肉翻炒至出现香味、烤上颜色即可。

3 将牛肉炒上颜色之后，加入切好的香菇，在牛肉还有半生的部位时比较好。炒制香菇的时候，要使其充分吸收锅中的肉汁。

4 尝一下锅中食材的味道，加入2.5克食盐，撒上适量黑胡椒粉。加入切好的黄瓜泡菜，将各种食材混合到一起。加入切好的欧芹，挤入适量柠檬汁，为了增加食材的香味，还可以添加适量柠檬皮，将各种食材充分搅拌均匀。

5 最后，加入适量酸奶油后，将各种食材充分搅拌均匀，搅拌至酸奶油化开，食材慢慢成一个整体后即可完成制作。

6 制作黄油炒饭。向平底锅里加入适量黄油、水和食盐后，用强火加热。加热至锅中食材沸腾后，加入适量米饭，搅拌米饭进行翻炒。您还可以用（等量）鸡汤代替清水，加入鸡汤时，无需加入食盐。将炒好的黄油炒饭装盘后，放上5中做好的牛肉即可。

煎扇贝丁

Noix de Saint-Jacques poêlées

制作扇贝丁时最重要的就是不要火候过大。虽然只需要稍微加热即可，但也要防止扇贝丁里面过凉。制作时以扇贝丁里面蓬松、温热为宜。乍一看外观与天妇罗有几分相似。最开始要用强火进行加热，给表面烤上较为美观的烤制颜色十分重要。烤完一面后，将其翻转过来，另一侧利用余温慢慢烤熟即可，无需两面都进行烤制。做好后，以扇贝丁蓬松起来，轻轻按压膨胀、富有弹力为最佳。制作酱汁时，要添加罗克福尔干酪，使酱汁更加美味，可结合个人口味，如果您不是很喜欢奶酪，不添加亦可。您还可以用切成5毫米小块的番茄果肉代替切薄片的香菇，多种食材选择，多样美味。

食材 2人份

扇贝丁……………………………4个
橄榄油……………………………2小勺

[酱汁]
┌白葡萄酒……………………50毫升
│香葱（切碎）…………………8克
│鸡骨架汤……………………100毫升
│鲜奶油……………1大勺（15毫升）
│黄油……………………………10克
│罗克福尔干酪…………………30克
│黑胡椒粉………………………少许
└欧芹（切碎）………………1小勺

━━ 小锅
━━ 直径22厘米的平底锅

1 将扇贝撬开，扇贝边、扇贝肉、扇贝丁分开备用。

2 制作酱汁。向小锅里加入适量白葡萄酒、香葱，用强火进行加热。加热至水分蒸发、香葱露出水面即可。如果不将水分充分蒸发掉，加入鲜奶油时，水和奶油容易分离开，需要注意这一点。

3 加入准备好的鸡汤，稍微煮制一段时间后，加入鲜奶油，用中火加热，稍微煮制一段时间后，加入黄油。待加入锅中食材剩余2/3的量时，加入罗克福尔干酪，用汤勺将奶酪慢慢弄碎。调为强火，将锅中食材煮至适当浓度即可。撒上适量黑胡椒粉。欧芹末在烤好扇贝丁之后加入即可。

4 向平底锅里加入适量橄榄油，用强火进行加热，待油温之后，加入扇贝丁进行煎制。由于新鲜的扇贝丁容易斜着裂开，因此煎制时，您可以利用平底锅锅沿将其立起来，这样方便整理好形状后再进行烤制。

5 将扇贝丁整理好形状后就可以放平了，用纸巾拂去多余油脂。将火调小，慢慢晃动平底锅，使其滑动起来，对其进行均匀烘烤。将扇贝丁下面一圈都烤上颜色后，将其翻转过来，关火即可。

6 扇贝丁的另一面利用余温就可以煎熟。以另一面稍微能够烤上颜色为宜。扇贝丁熟透之后，另一侧会慢慢膨胀起来。

7 待3中的小锅热后，加入切好的欧芹，稍微搅拌一下。将做好的酱汁装盘，先放上煮好的面条，最后加入6中的食材即可。

＋变化创新

油煎香味蔬菜扇贝边

扇贝边和扇贝肉可以直接当生鱼片食用，也可以与香味蔬菜一起做出美味的料理。扇贝边和扇贝肉加热时间过久的话，肉容易变硬，因此一定要用强火稍微加热一下。

食材 4个扇贝的量

扇贝边、扇贝肉………… 72.5克
橄榄油…………………………少许
┌香葱（切碎）………………3克
A│欧芹（切碎）…………… ½小勺
└大蒜油（参照P59）… 1小勺

向平底锅里加入适量橄榄油，用强火加热。加热至橄榄油开始冒烟后，加入扇贝边和扇贝肉翻炒。加热的时候要将扇贝肉里溢出的汤汁瞬间蒸发掉。加入A中的食材搅拌均匀。

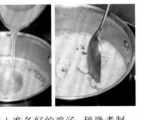

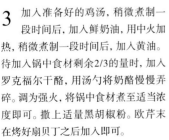

腌渍干炸鱼

Escabèche

西班牙语中Escabèche一词是腌渍干炸鱼的语源，是一种为了将鱼肉保存起来的烹调方法。制作方法是将炸好的小鱼置于醋和油制成的酱汁里腌泡而成，日本将其称之为南蛮腌渍菜。在料理制作过程中，炸制的操作能够去除鲹鱼里含有的水分。炸制时要将鱼肉充分炸透，因此建议您选用小火炸制。炸制过程中，鱼皮容易粘锅边，建议选用带有不粘锅功效的炸锅。如果加入香草等食材，可以使炸鱼的味道更加丰富，因此在制作腌泡汁的时候，您可以在加入白葡萄酒醋之前，加入意大利香芹、迷迭香、草蒿等香草进行调味。

食材 2人份

鲹鱼	6条（600克）
洋葱	140克
胡萝卜	120克
芹菜	40克
高筋面	适量
炸制用油	适量

［腌泡汁］

橄榄油	150毫升
白葡萄酒醋	100毫升
水	50毫升
食盐	4克

— 选用带有不粘锅功效的炸制用锅

— 直径21厘米的锅

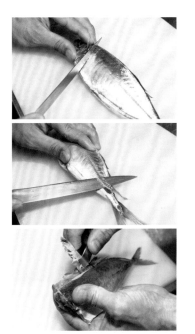

1 将鲹鱼去头、去内脏后，用清水清洗干净，去鳞，去除背鳍、尾鳍，从侧面将菜刀斜向插入，去除整条鱼骨。将鱼肉从中间切开，鱼两侧沿着鱼骨切开。

2 将洋葱沿纤维方向切成薄片，胡萝卜切成半月形，芹菜切薄备用。

3 在1中处理好的鱼肉上撒适量面粉。裹面粉的时候一定要裹上薄薄一层，将中间的切口也要撒满。

4 将炸制用油加热至160℃（以放入之后面衣慢慢脱落，鱼块又从锅底慢慢浮起来为宜），加入3中裹好的鱼块。刚加入鱼块之后，锅内油的温度会慢慢下降，如果油温过高，鱼块容易被炸上颜色，为将鱼肉里面也充分炸透，要保持约150℃的温度进行炸制，慢慢炸出鱼块里的水分。炸制过程中为使空气充分融入，可以拿出稍微停顿一段时间，再继续进行炸制。

5 大约炸制15分钟，炸制气泡慢慢变小后，将油温升高到170~175℃，使鱼肉上色，并且炸至酥脆。炸好后将鱼肉沥干油分，移到方平底盘里。

6 制作腌泡汁。将适量橄榄油、2中切好的食材加到锅里，用强火翻炒。炒出香味后，加入白葡萄酒醋、水，煮至食材慢慢冒泡后，加入适量食盐搅拌均匀，继续煮制一段时间。

7 将6中做好的腌泡汁趁热浇到5中做好的炸鱼上。放置1~2分钟，趁热将鲹鱼翻过来，使味道充分渗到鱼肉里。将蔬菜摆放于鲹鱼上面，将鱼完全盖起来，将摆好的鲹鱼于常温下放置3~4小时。

牛油果长葱芥末酱油牛肉饼

Tartare de thon avocats et naganegi à la sauce de soja et wasabi

充分熟透的牛油果、富含脂肪的金枪鱼,能够充分融入一起、具有相似口感的完美搭配。此外,大葱的加入以及和式调料的点缀,使料理的味道更具特色。和式风味料理与奶酪的完美融合,食用时一定不要忘记加上几片瓦片酥。

食材 2人份

金枪鱼(生鱼片用)	……	100克
牛油果	…………	100克
大葱	…………	40克
A 酱油	…………	2小勺
芥末	…………	5克
食盐	…………	1克
黑胡椒粉	…………	少许
橄榄油	…………	少许
帕尔马奶酪(磨碎)	……	适量
全麦面包(切薄片)	……	适量

1 将金枪鱼、牛油果、大葱切碎后备用。

2 将切好的牛油果、大葱和食材A加到碗里,搅拌均匀。加入金枪鱼和黑胡椒粉后,继续搅拌均匀。

3 制作奶酪瓦片酥。用纸巾等轻轻地在平底锅上抹一层橄榄油。用文火加热,将帕尔马奶酪碎屑整理成薄薄的圆形。待奶酪慢慢化开之后,将锅从火上移开,用余热将奶酪慢慢化开。如果奶酪不易化开,将其翻转过来,继续加热。将奶酪瓦片酥放置一段时间,待其慢慢冷却之后,

从锅上取下来(如图a)。

4 在烤制酥脆的全麦面包上放置2中搅拌好的食材,放上3中做好的瓦片酥装饰即可。

辣油汁风味法式炖菜肉饼

Tartare de thon à la rouille garni de ratatouille fraîche

法式鱼羹里充分发挥美味的辣油汁,其辛辣风味搭配上金枪鱼后美味无与伦比。为了保留金枪鱼的味道,制作时不要将其弄得太碎,稍微切细即可。新鲜的炖菜肉饼将各种食材的形状都统一起来,食用起来口感更好,这道菜品味的就是一种巨大的反差。

食材 2人份

金枪鱼(生鱼片用)………… 100克
辣油汁(参照P59)………… 30克
黑胡椒粉……………………少许
新鲜的法式炖菜肉饼(参照P77)…70克

1 将金枪鱼切成5毫米的小丁(如图a)。轻轻按压金枪鱼肉,不要将其完全弄碎,稍微弄小即可。

2 将辣油汁、金枪鱼放到碗里,不要将金枪鱼弄碎,将碗里食材慢慢搅拌开(如图b)。用黑胡椒粉调整食材味道。在盘子里倒入薄薄一层法式炖菜肉饼,整理好肉饼的形状。图中采用的是圆柱形(大致为下面方形、上面圆形)。

煎三文鱼

Saumon poêlé

三文鱼的鱼皮不煎酥脆就不美味。与烤肉的方法一样，一定要保持三文鱼下面留有一定油分，这样煎出的三文鱼才够美味。煎制过程中溢出的油脂和水分带有鱼肉的腥味，一定要用纸巾擦拭干净。只要您能掌握煎烤方法，酱汁等的调配就驾轻就熟了。在法国，人们常会在烤焦的黄油里加入刺山柑来制成酱汁，与三文鱼的味道十分相配。制作方法是先在烤焦的黄油里加入刺山柑，最后加入少许酱油制作而成。如果想要增添一些酸味，还可以用泡菜黄瓜代替刺山柑，此外还可以加入适当柠檬汁等。

食材 2人份

生三文鱼…………… 2片（1片80克）
食盐………………………………2克
橄榄油……………………………1大勺

[蘸汁]

┌ 香菇 ………………………………4块
│ 橄榄油 …………………………1大勺
└ 食盐 …………………………… 少许

直径26厘米的平底锅

1 将三文鱼两面全部均匀抹上适量食盐。

2 向平底锅里了加入适量橄榄油，将三文鱼带皮的一侧向下放入锅里，用中火加热。鱼放入锅里一会后就调为文火。煎烤过程中一定要保持三文鱼下面存留一定的油分。如果锅里没有多余的油，可以添加1小勺左右（分量外）。

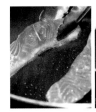

3 将三文鱼向平底锅边缘慢慢滑动，轻轻按压三文鱼鱼肉，充分利用平底锅边缘，将鱼皮充分煎脆。

4 煎制过程中溢出的油脂和水分全部是鱼肉里的腥臭味，因此要用纸巾擦拭干净。

5 将三文鱼煎制6~7分钟煎上较为美观的煎制颜色后，将鱼肉翻转过来，关火，鱼身利用余温煎制1~2分钟左右。

6 煎香菇。将平底锅清洗干净，加入适量橄榄油后，将香菇去掉菌柄，菌盖部位向下，用文火进行煎烤。煎制1~2分钟，香菇溢出水分之后，将其翻转过来，继续煎制1分钟左右。煎好后的香菇撒上适量食盐，与5中做好的三文鱼一起装盘。

＋变化创新

三文鱼肉酱

肉酱是将猪肉、兔肉、鹅肉等的脂肪或者大油经过煮制后再加入肥肉一起混合成泥状。在这里，我们选用三文鱼进行制作，香香的食材与蛋黄酱一起混合成美味的泥状。

食材 2~3人份

三文鱼鱼肉……………………1片
黄瓜泡菜（切碎）………………5克
刺山柑（切碎）…………………2克
莳萝（切碎）……………………2克
蛋黄酱（参照P59）………1大勺
黑胡椒粉……少许（掏耳勺1勺）
长棍面包（依喜好）……… 适量

将三文鱼去皮，鱼肉弄碎。将除长棍面包以外的全部食材放入碗里，充分混合均匀。最后添加上切成薄片烤过后的长棍面包、鲑鱼皮等即可。

法式黄油烤鱼

Karei meunière

法式黄油烤鱼的一大特点就是表面烤得酥脆。烤鱼上撒了很多面粉，乍看上去会觉得十分湿润，但其实并非如此。制作时，大量炸制用油的加入以及慢慢向烤鱼上浇油都是能够将其炸得酥脆的技巧。法式黄油烤鱼的传统吃法是蘸着焦黄油食用。制作完烤鱼之后，将平底锅清洗干净，制作焦黄油。加入酱汁里的食材您还可以随心情选择，大蒜、刺山柑、泡菜黄瓜、番茄等是食材均可。黄油烤鱼与三文鱼一样，都是需要添加些酸味的料理，与酸味食材十分相配。烤鱼选用的鱼除鲽鱼外，还可以选择金眼鲷、虹鳟等。

食材 2人份

鲽鱼	2条（700克）
食盐	4克
高筋面	适量
橄榄油	45毫升
黑胡椒粉	少许
柠檬	1个
欧芹（切碎）	适量
土豆泥（参照P88）	适量

━ 直径26厘米的平底锅

1 将鲽鱼去鳞、去头和去内脏后，撒上食盐入味。

2 将1中的鱼肚里也撒入适量高筋面。如果高筋面撒得过多，烤制过程中面粉会结块，因此裹面粉的时候，一定要抖掉多余的面粉。裹好高筋面之后，就不要随便碰鱼肉了。

3 向平底锅里加入30毫升橄榄油，将2中处理好的鲽鱼上部朝下放入锅里，最开始用强火煎烤，之后调为中火。煎烤的过程中一定要保持鱼身下面留有一定的油分，煎烤时也要不断向鱼身上浇油，使其均匀受热。煎烤过程中，鲽鱼肉会渗出水分，因此要从上面浇油，使面衣粘附于鱼身上。

4 煎烤8~9分钟，使鱼身呈现较为美观的烤制颜色后，将鱼取出。将锅里的油倒掉，加入15毫升新橄榄油，将鲽鱼翻过来，继续用中火加热。

5 背面的加热时间以刚才正面的2/3左右即可。用手按压鱼刺背部位置，如果有干巴酥脆的感觉就表明完成了。此外，您还可以用刀插动鱼刺部位，如果能够刺透就表明鱼肉烤透了。

6 在5中的鱼肉上撒上适量黑胡椒粉，将柠檬从中间切开，挤适量柠檬汁。将叉子插到柠檬里面，慢慢搅动，这样挤出的柠檬汁更多。向料理里撒适量欧芹后就可以完成料理的制作了。最后装盘，加入适量土豆泥即可。

香草蒸六线鱼

Ainame à la vapeur d'herbes

简单易学零失败的独家料理。用强火进行蒸制，做出的蒸制料理蓬松、松软。通过大量蒸汽进行加热，使食材中的水分能够被充分保留下来。使蒸出的料理保持蓬松口感。除香草外，您还可以加入切碎的洋葱、胡萝卜、芹菜等。只要是能带有香味的蔬菜，您都可以随心情变换选择。

食材 2人份

六线鱼	1条（去内脏后750克）
食盐	8克
法国苦艾酒	250毫升

A
┌ 迷迭香	10克
│ 意大利香芹	10克
│ 龙蒿	10克
│ 鼠尾草	10克
└ 月桂叶	2片

橄榄油	50毫升
半干番茄（参照P61，依喜好）	4个

🥢 较大的蒸锅

法国苦艾酒

苦艾酒用的是产自法国南部马赛一带的白葡萄酒，添加苦艾等香草和香料后，经过腌渍、泡制而制成的香味葡萄酒。是制作香草风味料理必不可少的调料酒，用来提升料理的芳醇香味十分方便。我比较喜欢选用产自法国的具有辛辣口感的Noilly Prat。

1 将六线鱼去鳞、去内脏，用清水清洗干净。从背鳍、尾鳍根部将鱼身两侧切上斜斜的细纹，去除整条大鱼骨。将鱼从中间切开，两侧都各自划上2道深花纹。

2 将鱼表面和鱼肚子里撒入适量食盐，将食材揉化。

3 将2中处理好的鱼肉摆放于方平底盘或者耐热容器里，将鱼身浇上适量法国苦艾酒。放入食材A，将鱼身盖住。为了充分入味，鱼肚里也要放一些各式香草。将鱼身上浇适量橄榄油。

4 蒸锅里放入适量清水，用强火加热。加热至冒出蒸汽后，继续用强火蒸制12~13分钟，用汤勺等轻轻翻动鱼身，如果鱼刺能够被轻松取出则表明蒸制完成。蒸好的鱼肉装盘，装点上您喜欢的番茄干即可。

渔夫风味花蛤

Asari marinière

对我来说，这道料理有点烧烤的感觉。制作时一定要注意将锅事先加热好，以放入花蛤后就能迅速张口为宜。另外，一定要选择较宽、稍浅的锅，能够容下两层花蛤的同时，上面还能稍微留有空间为宜。制作过程中，保温十分重要，锅的上部空间能够起到很好的对流作用，将锅里食材加热好。火候的选择上一般是采用强火。中间需要搅拌时，打开和盖上锅盖要迅速，防止锅里的蒸汽溢出。想要调味时，还可以添加辣椒面、藏红花等，加入的时间与花蛤同步。完成后撒上欧芹末亦可。

食材 2人份

花蛤……………………1千克
香葱……………………15克
白葡萄酒…………………100毫升

直径21厘米带盖的锅

1 将花蛤放入3%的盐水（分量外）里，置于较为避光、安静的地方，使花蛤将砂子吐出来。保存时还可以置于冰箱冷藏室里冷气较弱的地方。

2 将香葱切好备用。

3 用强火加热锅，锅体变得很热之后，加入清洗干净的花蛤、2中的食材、白葡萄酒，加盖进行煮制。

4 煮制10秒钟之后，取下锅盖，将锅里各种食材迅速搅拌均匀。继续加盖用强火煮制2~3分钟即可。

5 煮制过程中，按住锅盖上下晃动，将锅里的食材搅拌开。

6 确认花蛤的口完全打开之后，继续加热，稍微煮制一段时间，就可以完成制作了。

法式蘸汁	芥末蘸汁	香葱蘸汁
	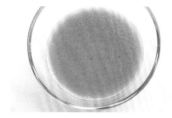	

食材 容易制作的量

红葡萄酒醋……………………40毫升
食盐………………………… 4克
橄榄油……………………… 120毫升

食材 容易制作的量

第戎芥末酱……………………20克
红葡萄酒醋……………………40毫升
食盐………………………… 4克
橄榄油……………………… 120毫升

食材 容易制作的量

香葱(切碎)…………………20克
红葡萄酒醋……………………40毫升
食盐………………………… 4克
橄榄油……………………… 120毫升

 |  |

1 将红葡萄酒醋、食盐加到碗里,用打蛋器搅拌至食盐化开。

1 将蛋黄酱、食盐加到碗里,用打蛋器搅拌均匀。

1 将香葱碎、红葡萄酒醋加到碗里,用打蛋器搅拌均匀。

 |  |

2 一点点加入橄榄油,不断用打蛋器进行搅拌。

2 继续加入红葡萄酒醋,用打蛋器将各种食材搅拌均匀,直至食盐化开。

2 继续将食盐加到碗里,用打蛋器搅拌至食盐化开。

 |  |

3 搅拌至酱汁慢慢变黏稠、不容易搅拌时,就可以完成酱汁的制作了。
*保存方法:冷藏室可保存数日。

3 一点点加入橄榄油,不断用打蛋器进行搅拌。搅拌至酱汁慢慢变黏稠、不容易搅拌时,就可以完成酱汁的制作了。
*保存方法:冷藏室可保存数日。

3 一点点加入橄榄油,不断用打蛋器进行搅拌。搅拌至酱汁慢慢变黏稠、不容易搅拌时,就可以完成酱汁的制作了。
*保存方法:冷藏室可保存数日。

蛋黄酱

食材 容易制作的量

蛋黄··························	1个份
第戎芥末酱··················	5克
食盐··························	2克
橄榄油························	100毫升
红葡萄酒醋····················	10毫升

1　将蛋黄、芥末酱、食盐加到碗里，用打蛋器搅拌至食盐化开。

2　将¼的橄榄油一点点加到容器里，继续搅拌均匀。

3　将⅓的红葡萄酒醋继续一点点加到容器里，加入时要不断进行搅拌。重复加入2和3中的食材，搅拌均匀。

4　将酱汁慢慢搅拌至变白、变硬后，将容器慢慢倾斜，从一边加入剩余的橄榄油，一点点搅拌，将橄榄油慢慢搅拌开。采用这种搅拌方式能够防止橄榄油与食材分离。继续搅拌，直至将全部橄榄油搅拌均匀。

＊保存方法：冷藏室可保存数日。

辣油汁

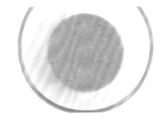

食材 容易制作的量

藏红花·······················	30个
蛋黄··························	2个份
食盐··························	1克
红辣椒粉········	少许（挖耳勺2勺）
大蒜油·······················	50毫升

＊可用8克大蒜（弄碎）、50毫升橄榄油代用。

1　将藏红花置于微波炉（600W）中加热1分半左右，对其进行干燥处理，用勺背将藏红花压碎。将其弄碎之后藏红花的面积更大，也能够容易入味。

2　将蛋黄、食盐加到碗里，用打蛋器搅拌至食盐化开。加入1中处理好的藏红花和红辣椒粉后，将食材搅拌均匀。

3　向容器里一点点加入大蒜油，边加入边将容器里的食材搅拌均匀。这里也可以用大蒜和橄榄油代替，加入事先加入大蒜搅拌均匀，然后再一点点加入橄榄油，将其充分搅拌均匀。

＊保存方法：冷藏室可保存数日。

大蒜油

食材 容易制作的量

大蒜··························	25克
橄榄油························	150毫升

1　将大蒜磨碎。大蒜头含有纤维，不容易磨碎，因此不使用。

2　将大蒜放入碗里，一点点加入橄榄油，一边加入一边用打蛋器进行搅拌。磨碎的大蒜如果没有浸入橄榄油则容易结块，因此一定要一点点加入橄榄油后，不断进行充分搅拌。搅拌至橄榄油变黏稠，不容易搅拌开后即可。

＊保存方法：冷藏室可保存数日。

蘸汁制作要点

·要选取直径为20厘米左右、圆底的搅拌容器，这样可以用打蛋器将食材充分搅拌均匀。

·对食材进行搅拌的时候，一定不能停下来。搅拌时也可以选用手持式搅拌机。

·搅拌时要采用画圆的方法沿着一个方向进行。反方向进行搅拌时会停止食材的乳化步骤。

·红葡萄酒醋可以用白葡萄酒醋和米醋代替。

·事先将酱汁做好的话，放置一段时间酱汁容易分离，因此只需在食用之前搅拌好即可。

59

| 香草泥 | 普罗旺斯盘装菜 | 大蒜绿橄榄泡菜 |

食材 容易制作的量

莳萝	3克
细叶芹	4克
草蒿	1克
意大利香芹	7克
橄榄油	30毫升

食材 容易制作的量

黑橄榄(罐头、无种)	350克
罗勒	10克
鳀鱼(罐头)	1罐(56克)
大蒜	1瓣
橄榄油	100毫升
刺山柑	15克

食材 容易制作的量

大蒜	整个蒜头4个(260克)
黑橄榄(罐头、无种)	150克
橄榄油	400毫升
迷迭香	1枝
百里香	6~7枝

1　将各种香草一起切碎备用。

1　将罗勒叶、鳀鱼切成小块备用。鳀鱼油也充分利用起来。

1　将大蒜带皮分成瓣,与绿橄榄一起加到锅里。继续加入适量橄榄油,用强火加热。

2　向切好置于案板上的香草里加入橄榄油。橄榄油要一点点加入,加入一点之后用刀轻轻按压,搅拌均匀,继续将香草切得更细。加入橄榄油后,还能够更好地保留香草本身的颜色。

2　将全部食材放入榨汁机(或者食物搅拌机)里,一点点进行搅拌,注意搅拌过程中不要让食材受热过度。

＊保存方法:冷藏室可保存1周左右。

2　加热至橄榄油沸腾后,将火调为文火,保持橄榄油一直冒出细小泡沫的状态,对锅里食材慢慢进行加热。由于我们不是要制作油炸食材,因此在加热过程中一定要防止食材变焦,注意对加热火候的把握。

3　将橄榄油搅拌均匀后,用过滤器进行一下过滤。如果您直接用于家庭食用,可不过滤直接食用。如果直接用搅拌机进行搅拌,搅拌机里的热量容易使酱汁味道变得酸涩,因此尽量不用搅拌机进行制作。

＊保存方法:冷藏室可保存1周左右。

3　大约加热30分钟,用牙签插动大蒜能够充分穿透即可。将煮好的大蒜移到瓶子里,加入迷迭香和百里香,待稍微冷却之后,加盖,大约放置一晚即可以食用。

＊保存方法:常温或者冷藏室可保存1周左右。

柠檬水

食材 容易制作的量

柠檬（无农药）……………… 5个
细砂糖………………………… 500克
食盐…………………………… 100克
水 …………………………… 500毫升

1 从柠檬蒂开始将其向下切成十字形，大约切至2/3深即可。

2 将50克细砂糖、10克食盐置于容器里，混合均匀。将混合好的食材5等分，塞入1中柠檬的切口里。将整理好的柠檬置于瓶子里。

3 将剩余细砂糖、食盐和水加到锅里，用强火加热，加热过程中不断用打蛋器进行搅拌，将各种食材充分化开。待汤汁做好、冷却后，直接倒入2中的瓶子里。第二天使用即可。

*保存方法：冷藏室可保存2周左右。

番茄酱

食材 容易制作的量

番茄………………… 10个（1千克）
水 …………………………… 50毫升
食盐…………………………… 1克

1 将番茄去蒂备用。将水和食盐加到搅拌机里，充分搅拌后将食盐化开。向搅拌机里一个一个加入番茄，进行搅拌。搅拌至搅拌机的最大搅拌限度，将食材充分搅碎至光滑状。

2 将1中的搅拌汁用过滤器过滤一下，过滤好的汁液倒入锅里。

3 将2中的汁液用强火加热至变黏稠。开始加热时锅里会有气泡溢出，这是搅拌时混入的空气，5~6分钟后就会消失，汁液会慢慢变黏稠。然后调为文火，继续加热1小时左右，将锅中食材加热至剩余一半左右即可。

4 酱汁的浓度标准以用铲子铲起时番茄酱会慢慢掉落为宜。最后完成的番茄酱重量为300克。

*保存方法：冷藏室可保存1周左右。

半干番茄

食材 容易制作的量

番茄………………… 6个（600克）
食盐…………………………… 3克
橄榄油………………………… 1大勺

1 将番茄切成8等分的扇形，摆放于方平底盘里，向番茄上撒适量食盐。

2 待番茄稍微溢出水分之后，浇上适量橄榄油。

3 将处理好的番茄置于预热好的烤箱里，用150℃烤制5分钟左右。调为100℃后，继续烤制2小时左右。烤制时查看番茄的状态，防止烤糊，可不断对其进行温度调整。

*保存方法：冷藏室可保存约2~3周。

黄油面糊

食材

食材、分量参照各料理。

1 将黄油加到锅里，用文火加热至黄油化开后，向锅里加入高筋面。加入面粉时，黄油不完全化开亦可。

2 用木铲从锅底抄起食材，不断进行搅拌，这样能够防止食材被烤焦。加热初期，食材呈面团状。

3 不断翻炒的面团会慢慢变光滑，出现光泽。用木铲划动锅底能够留下痕迹即可。

4 如果继续翻炒，锅里的食材会慢慢冒出小气泡。面糊变得易于搅拌时，就表明面粉已经完全加热熟透。如果用木铲在锅底部划动，面糊不易留下痕迹，能够快速恢复原样，这就是黄油面糊。本书中，我们会结合不同用途加入不同液体混合使用。

*保存方法：冷藏室可保存约1周左右。

黄油面糊一般用作酱汁的基底。将黄油用量增加两成的话，可以防止您制作失败。根据加入液体的不同，酱汁的名称也有所差异。另外，根据酱汁浓度（液体所占比例）的差异，其用途也会千差万别。

［酱汁］

向黄油面糊里加入牛奶……贝夏美沙司
向贝夏美沙司里加入鲜奶油…………
………………奶油贝夏美沙司
向黄油面糊里加入清汤……鲜肉汁沙司

［用途］

汤汁 面粉1：黄油1：液体20~25（将面糊挑起的时候会慢慢流下为宜）

奶酪烤菜 面粉1：黄油1：液体15~20（稍微晃动一下面团会慢慢流下为宜）

炸奶油 面粉1：黄油1：液体6~10（等待一段时间也不会掉落为宜）

焦黄油

食材

黄油……分量参照各料理页

1 将黄油加到较小的平底锅里，用强火加热，将平底锅慢慢倾斜，翻动黄油。

2 黄油在融化的过程中会出现较大的气泡，为防止黄油变焦、均匀，一定要不断转动平底锅。

3 锅里黄油慢慢变色后，还会有较大的气泡。

4 待锅里气泡慢慢变细，加热过程中还能慢慢消失，这种状态做出来的就是焦黄油。

感受蔬菜和鸡蛋的美妙食感

蔬菜的食感和特点千差万别、异常丰富。例如，制作番茄的时候，应该如何将水分蒸发使美味浓缩；土豆中富含淀粉，应该如何区分使用。知晓每种食材的特点，就能够制作出符合食材特点的料理，这一点在烹调中显得尤为重要。另外，鸡蛋也是一种能够受到多种因素影响的食材。例如，加入食盐时，稍微一点点的差异也会对味道产生很大影响。制作鸡蛋类料理最重要的就是烹调的温度和时间。从鸡蛋料理就可以看出一个人的烹调造诣，想要做好鸡蛋类料理，需要具有一定的技巧。

香草沙拉
Salade aux fines herbes

选用的香草类蔬菜可以根据您的个人喜好进行自由组合，种类越多，制作出的沙拉味道越复杂多变。叶片类蔬菜买回来后直接放冰箱里，制作前从冰箱里取出，置于水中稍微浸泡一段时间，沥干水分备用。如果浸泡蔬菜的水太凉，容易破坏蔬菜的外观和口感，因此只要不选用冰水就行。沥干水分的时候也是如此，如果用沥水器具进行操作，容易增加蔬菜的负担，只需稍微将蔬菜自然沥干水分即可。做好蔬菜的准备工作之后，就可以加入酱汁了。加入酱汁的时候也要注意，尽量不要增加蔬菜的负担，从碗边缘倒入即可，然后稍微搅拌一下。用手去感受蔬菜缠绕在一起的感觉是这道料理的一大特点。

食材 2人份	
混合型小叶菜	40克
西蓝花嫩芽	50克
苦苣	30克
意大利香芹	3克
细叶芹	3克
莳萝	4克
菊苣	80克
草蒿	6克
香草泥（参照P60）	15克
大蒜油（参照P59）	2小勺
芥末蘸汁（参照P58）	1大勺
食盐（结合味道）	1克

1 将各种香草类蔬菜用清水清洗干净，沥干水分备用。将较大的蔬菜撕成合适大小。

3 用双手从下向上将蔬菜慢慢抄起，充分搅拌。尝一下味道后，再加入适量食盐。

2 将1中处理好的各种蔬菜放入碗里，从边缘部位倒入香草泥、大蒜油、芥末蘸汁等。加入大蒜油时不要将其上下搅拌均匀，只加入上面较为清澈的部分即可。

＋ 变化创新

高汤迷你香草沙拉

当您想要做一道精致的沙拉时，建议您选用这种拼盘方式。用香草泥在盘子上画圆（如图a），再在上面放上香草沙拉。制作的要点是在上面能够看到香草泥的痕迹，而且还能有高高的沙拉小山。整体搭配十分美观。

a

苹果芹菜沙拉、罗克福尔酱汁

Salade de pommes et céleri sauce roquefort

本款沙拉选用超人气的罗克福尔罗克福尔奶酪制作而成,操作简单,迅速完成。苹果都切成不一样的大小,看起来更加美观,也更加美味。因此,您可以随意切好后再进行制作。将芹菜彻底去筋,直至芹菜几乎没有绿色部位,这样口感才更好,虽然有的人会觉得去筋操作可有可无,但您可以尝试一下,味道真的很不一样。

食材 2人份

芹菜(茎部)·················1根
苹果··············½个(160克)
罗克福尔奶酪·············· 40克
橄榄油·················· 2½小勺
食盐(结合味道)···少许(0.5克)

1 将芹菜去筋,用刮皮器纵向削成薄片状。剩余部分不容易操作时,将芹菜置于案板上,继续削割(如图a)。苹果带皮用刮皮器刮成薄片,然后用刀切成0.5~1.5厘米宽不等(如图b)。

2 将罗克福尔奶酪切成5毫米宽的适当大小。

3 将1、2中准备好的食材全部放入碗里,搅拌均匀,将橄榄油从容器边缘部位倒入,将各种食材充分搅拌均匀。品尝一下味道,加入适量食盐即可。

莴苣沙拉

Salade de laitue

如果想吃莴苣，强烈建议您尝尝这款沙拉！这是一款独一无二的蔬菜沙拉。莴苣叶能够充分吸收水分，变得十分膨胀、饱满，菜心较干，不易吸水，因此要去掉不用。将菜叶置于冰水中容易受损，因此直接放入凉水里浸泡即可。沥水工具容易将莴苣叶弄得坑洼不平，也不适用。蘸汁可以选用法式蘸汁，决定味道的关键是帕尔马奶酪的加入。

食材 2人份

莴苣…………… 1大个（450克）

帕尔马奶酪………………… 适量

芥末蘸汁（参照P58）……… 适量

1　去除莴苣芯较为干燥的部位（如图a），将其4等分。保留4个部分的菜心，保持莴苣瓣菜叶不要分开。

2　将切好的莴苣叶置于冷水中浸泡5分钟（如图b），将切口部位向下，用笊篱捞出，沥干水分。

3　将2中沥干水分的莴苣装盘，撒上用刮皮器弄薄弄碎的帕尔马奶酪，浇上芥末蘸汁即可。

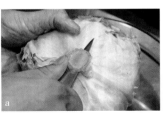

绿色凉咖喱

Curry vert frais

可以用于招待客人的别具一格、富有人气的绿色咖喱，夏日料理圣品。即使咖喱在很低的温度下也不会凝固，可以与过水后的大米一起营造一种清爽口感。不同制造商的绿色咖喱酱的味道是不一样的。您可以结合味道，用蚝油和食盐对味道进行适当调整。您还可以选择用鱼露代替蚝油，与蚝油相比，鱼露的咸味更重一些，因此要注意量的控制。整个料理温和、美味，四季都可享用。

食材 4人份

无头虾（牛形对虾等）···	8尾（200克）
高筋面··············	适量
洋葱··············	½个（100克）
青椒··············	2个（50克）
茄子··············	2大个（250克）
秋葵··············	4根（60克）
红柿子椒··········	1个（130克）
尖椒··············	8小根（25克）
橙子皮（约1.5厘米宽、7厘米长）···	3片
A ┌ 椰奶粉········	60克
└ 水··········	300毫升
黄油··············	30克
绿橄榄酱··········	50克
咖喱粉············	1小勺
白葡萄酒··········	50毫升
鸡架汤············	400毫升
B ┌ 食盐········	1克
│ 高筋面······	1小勺
└ 色拉油······	1小勺
蚝油··············	1~1½小勺
食盐（结合味道）··	1克
米饭··············	适量
帕尔马奶酪········	适量
香菜··············	适量

▬ 直径21厘米×12厘米深锅

绿咖喱酱、椰奶粉

比起在家自己制作绿咖喱酱，选用市面上直接出售的更加方便快捷。市面上出售的绿咖喱酱可谓是五花八门、琳琅满目，制造厂家不一样，其咸度千差万别。因此，建议您制作时结合味道再进行咸淡调整。椰奶您还可以直接买灌装椰奶（液体）代替椰奶粉。

1 将虾留尾、去皮，撒上高筋面轻揉几下，用流水清理干净。取出背部虾线（参照P21的步骤1~2）。

2 将洋葱切成扇形，青椒纵向8等分，茄子沿纹路纵向8等分，从中间切开。秋葵从中间纵向切开，柿子椒去皮（参照P125），纵向切十等分。尖椒去把。将橙子去皮，去皮时尽量避开白色部位，取外面黄色部位。

3 将食材A加到容器里，用打蛋器充分搅拌开。

4 将适量黄油、绿咖喱酱、咖喱粉加到锅里，用文火翻炒。

5 翻炒至锅中食材出现香味后，加入适量白葡萄酒，用木铲进行搅拌，将锅中食材充分化开。继续加入**3**中准备好的食材、鸡骨架汤后，将火调大，将锅中各种食材煮制一段时间。

6 向**1**中加入B中备好的食盐，进行充分揉搓。稍微放置一段时间，待虾仁溢出水分后，加入B中的高筋面，保持虾仁的形状，稍微进行一下搅拌。向锅中加入适量色拉油后，继续搅拌。

7 向**5**中的锅里加入备好的洋葱、茄子、秋葵、橙子皮后，继续用较弱的文火煮制10分钟左右。煮制洋葱、茄子充分入味后，继续加入青椒、尖椒和1小勺蚝油，将各种食材充分搅拌均匀。继续煮制2~3分钟之后，加入柿子椒、虾仁，再煮制2~3分钟。品尝一下味道，结合咸淡加入约1克食盐，加入1/2小勺蚝油后，搅拌均匀。

8 将**7**中煮好的食材倒入碗里，碗底放入冰水里进行冷却。如果时间充裕，将食材冷却一段时间后，置于冰箱冷藏室里进行充分冷却。

9 将米饭倒入笊篱里，放入水中进行清洗，去除米粒上面的黏腻感。洗好后，沥干水分，置于冰箱冷藏室里冷却。食用时，将米饭装盘，倒上咖喱汁，装饰上香菜即可。

洋葱奶酪烤菜汤

Soupe à l'oignon gratinée

这道汤菜的特点在于充分炒过的洋葱所特有的甘甜与美味。所以，把洋葱恰如其分地炒至浓褐色至为重要。但是，要注意一下洋葱中的含水量问题。新鲜的洋葱相比储藏过的洋葱，其水分含量更为充足。刚开始的时候可以加水使食材受热均匀，但为了避免食材因炒焦而破坏其味道，之后可以适当加一些水，不过要依据洋葱本身的含水量酌情加入水量。酱汁变成浓褐色的过程要用高温一下子完成，如果烹饪时间过长会导致汤过度沸腾，所以最好在较短时间内完成。

食材 4人份

洋葱	4个（800克）
黄油	60克
水	740~760毫升
鸡架汤	1升
长棍面包（切薄片）	8~12片
格律耶尔奶酪	70克

▭ 直径21厘米×12厘米深锅

1 将洋葱纵向从中间切开，沿着纤维方向切成薄片状。

2 将黄油加到锅里，用强火加热，待油热之后，加入1中切好的洋葱、400毫升水，用木铲搅拌一下。锅中还有较多水分的时候不搅拌亦可。但接近锅沿部位的食材容易烤糊，因此要将锅沿边的食材往有水分的地方搅拌。加热至没有水分时，改为中火进行翻炒。

3 加热12~13分钟，锅中水分较少之后，继续向锅里加入200毫升水，对锅中食材进行翻炒。使锅中保持一定水分的状态，能够将洋葱充分、均匀炒熟。

4 继续翻炒20~30分钟，洋葱会慢慢炒上淡淡的颜色。洋葱炒至这种状态时，就容易粘到锅边，因此一定要不断地进行搅拌。锅边出现翻炒痕迹和颜色后，用洋葱将其慢慢擦拭干净。

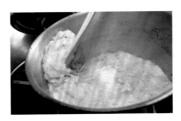

5 大约炒制20分钟，洋葱即可被翻炒为茶色。沿锅边加入20毫升水分，一边搅拌，一边继续翻炒，重复以上操作7~8次。这里加入水分的作用，是将锅沿上渍上的颜色弄掉，使酱汁的颜色更深，同时还能防止洋葱炒焦。水分较多的话，锅沿上不易炒出颜色，因此要分多次少量加水。继续翻炒约20分钟，将洋葱炒成下面的浓褐色即可。

6 加入鸡架汤进行搅拌。此时不需要煮至没有水分。将酱汁调整为适当浓度后，品尝一下味道。由于之后还要加入咸味较浓的奶酪，因此此时味道可以稍微淡些。

7 将6中的食材倒入容器里，上面摆上2~3片切薄、烤制后的长棍面包，多放上些磨细的格律耶尔奶酪。将容器置于较高温度的微波炉或者烤箱里进行烤制，这样食材就能够在很短的时间内附上较深的烤制色。

诺尔曼汤
Soupe normande

Normande是法国诺尔曼一带用于料理的词汇。这种诺尔曼汤里加入了很多蔬菜、馅料。先后加入火候不同的各种蔬菜,通过煮制,将蔬菜的各种风味充分熬制出来。如果您冰箱里有剩余的蔬菜,这一道菜会是您不错的选择。

食材	4~5人份	
豆角		15根（100克）
A	土豆	1小个（120克）
	洋葱	¼个（50克）
	韭葱	⅓根（50克）
	胡萝卜	1小根（100克）
	芹菜	⅓根（40克）
	圆白菜	⅙个（150克）
熏腊肉		50克
鸡架汤		2升
欧芹（切碎）		适量
黑胡椒粉		适量

直径24厘米的深平底锅。

1 将豆角切成1厘米长。将A中食材和熏腊肉全部切成1厘米的小块状。将切好的土豆置于水中过一下。

2 将切好的熏腊肉置于平底锅里，用较弱的中火进行翻炒。炒至油脂溢出，冒出香味后，加入切好的洋葱、韭葱，继续翻炒3~4分钟。如果此步骤中对食材进行充分翻炒，能够更好地呈现出食材的风味。

3 加入切好的胡萝卜、芹菜后，搅拌均匀。继续加入切好的豆角、圆白菜和鸡骨架汤后，用强火加热。加热至锅中食材沸腾后，调为中火，继续煮制20分钟左右。

4 加热至锅中蔬菜变软、汤汁刚好能浸没食材后，沥干水分，加入处理好的土豆，继续煮制10分钟左右。由于这款料理中土豆起到将各种食材黏连在一起的作用，因此，此阶段需要将土豆充分煮碎。煮至锅中水分不足的时候加入适量水分（分量外）。

5 最后，加入切碎的欧芹，撒上适量黑胡椒粉即可。

＋变化创新

意大利汤面

意大利汤面无需多做解释，大家都知道这是一道尽人皆知的意大利蔬菜汤料理。与诺尔曼汤不同的是，这款汤里多加入番茄。minestrone是"有很多馅料""大杂烩"等意思，虽然没有严格的制作规定，但加入意大利面后美味绝伦。意大利面直接在酱汁中进行煮制，美味满分，味道浓郁。

食材	2~3人份	
诺尔曼汤		1升
意大利通心粉		30克
番茄		2个（200克）
帕尔马奶酪（磨碎）		适量

1 将意大利通心粉折成2厘米长。番茄去皮（参照P125），切成1厘米小块备用。

2 将诺尔曼汤加到锅里，用中火加热，加热至锅中食材沸腾后，加入弄断的意大利通心粉。大约煮制5分钟，通心粉变软之后，加入切好的番茄，稍微煮制一段时间。将锅中煮好的食材装盘，撒上帕尔马奶酪即可。

法式炖菜

Ratatouille

本书中向您介绍的法式炖菜是将各种食材全部加到锅里慢慢进行煮制的方法。一两种蔬菜无法熬制出美味，让多种蔬菜的美味瞬间结合，回味无穷。原本，我总是将法式炖菜理解为"蔬菜酱"，将各种蔬菜煮制成酱状才更加美味。但是，这样看上去外形不是很美观，而且蔬菜里还会溢出大量蔬菜汁。我们在最后阶段将蔬菜和煮汁分开，将煮汁充分收汁之后，再加入煮好的蔬菜。采用这种制作方法能够将酱汁充分浓缩，使做出的炖菜味道更加浓郁。青椒加热时间过久会有苦味，因此只需稍微翻炒后加到锅里即可。

食材 食材 4~5人份

番茄	2个（200克）
红柿子椒	1个大（200克）
茄子	2根（200克）
西葫芦	2根（200克）

＊此次我们选用绿色和黄色各1根。
选用相同颜色亦可。

洋葱	1个（200克）
青椒	4个（100克）
大蒜	2瓣（20克）
橄榄油	1⅓大勺
食盐	适量

▬ 直径24厘米的深平底锅

1 将番茄和柿子椒去皮（参照P125），茄子带皮切成1厘米小块。其余蔬菜也全部切成1厘米小块状。大蒜切碎备用。

2 将切好的茄子和西葫芦分别放到不同容器里，撒上适量食盐进行腌制，大约放置5分钟即可。腌出水分后，将食材用笊篱捞出，沥干水分备用。

3 向平底锅里加入1大勺橄榄油、切好的洋葱、大蒜后，用强火翻炒。炒至洋葱变软之后，加入茄子，使茄子吸收锅里的油分，翻炒几下。按顺序依次加入西葫芦、番茄和柿子椒后翻炒。翻炒过程中，食材里会慢慢溢出水分，待锅中食材沸腾之后，调为强火。火调大后就不要搅拌那么频繁了。

4 向平底锅里加入2/3大勺橄榄油、切好的青椒，稍微翻炒几下后，加入3中锅里进行煮制。

5 加热至青椒变色后，将各种食材用笊篱捞出，沥干煮汁。

6 将5中的煮汁放回平底锅里，用强火进行收汁。尝一下味道，加入2克食盐。用搅拌煮汁的勺背划动煮汁，能够稍微留下痕迹即可。

7 将5中的蔬菜放回6里，将酱汁和蔬菜搅拌均匀即可。

卧鸡蛋法式炖菜

鸡蛋较生一点，这道料理更加美味。即使鸡蛋没有凝固，料理的温度也能够将其慢慢弄热，因此一定要充分搅拌均匀后，再食用。如果选用的法式炖菜是置于冰箱里保存的，建议您在食用前先取出，恢复至室温后稍微加热一下，再进行烹调。

食材 1人份

法式炖菜……………………………… 120克
鸡蛋…………………………………… 1个

1　将做好的法式炖菜装到容器里，中间部位整理凹陷，打上鸡蛋。

2　将容器置于170℃的烤箱里烤制10分钟左右。

意大利冷面

选用天使细面等细意大利面才能充分凸显出意大利面的风味。此外，由于法式炖菜的味道已经十分浓郁，您还可以选用普通的家庭用意大利面。

食材 1人份

法式炖菜……………………………… 200克
意大利面……………………………… 120克
A［塔巴斯辣酱油…………………… 6滴
　 大蒜油(参照P59)……………… ¼小勺
帕尔马奶酪…………………………… 适量

1　将意大利面置于加入适量食盐(分量外)的热水里，按照标示时间进行煮制。煮好后将面捞出，置于凉水中冷却，待面条冷却后捞出，沥干水分。

2　将1中煮好的意大利面、法式炖菜和食材A加到容器里，搅拌均匀。尝一下味道，加入适量食盐(分量外)。将拌好的面条装盘，撒上适量帕尔马干酪即可。

新鲜法式炖菜

Ratatouille fraîche

这是一道追求蔬菜新鲜的独特料理。这款料理不会向法式炖菜那样经过长时间的煮制,因此没有较为浓郁的汤汁。富有蔬菜沙拉的感觉,让人耳目一新。与法式炖菜一样,各类蔬菜都要切得大小一样,因为在制作的过程中,食材的表面积越大,越容易溢出汤汁。

食材 2~3人份

番茄	1大个（150克）
红柿子椒	1个（130克）
西葫芦	1根（100克）
茄子	1根（100克）
洋葱	½个（100克）
食盐	4克
A ┌ 橄榄油	2大勺
└ 大蒜油（参照P59）	1小勺
黑胡椒粉	适量

1　将番茄纵向切成8等份,去皮（如图a）。将果肉和种子部位切开,分别切成5毫米小块。种子部位用笊篱过滤,将种子和汁液分离开（如图b）,选取汁液使用。将柿子椒纵向切细,去种、去蒂、去皮后,切成5毫米小块。西葫芦、茄子也分别切成5毫米小块,各自撒上2克食盐,腌制一下,待食材溢出水分之后,沥干水分备用。洋葱切成5毫米小块备用。

2　将1中准备好的各种食材放到碗里,中间部位放入食材A,将各种食材充分搅拌均匀。撒上黑胡椒粉,搅拌开。尝一下味道,加入适量食盐（分量外）。

绿色蔬菜热沙拉

Salade verte à la vapeur

该料理的制作方法十分简单。按照先放难熟透的菜的顺序，依次加入各种蔬菜，加入后撒上少许食盐，搅拌均匀后再加入另一种蔬菜，如此循环往复。这样才能保证各种食材都充分地渍进了咸味，而且也能够将各种食材充分融合到一起，将食材慢慢重叠起来。添加食盐的总量为3克左右。一次加入的食盐量不到几克，分多次加入比较好。这种沙拉还可以浇上柠檬水（参照P61），也十分美味。

食材 2～4人份

芦笋	4根（80克）
豆角	100克
秋葵	4根（60克）
西蓝花	1小株（150克）
蘑菇	8个（80克）
小水萝卜	5克（60克）
芜菁	1克（100克）
尖椒	10个（60克）
橄榄油	2½大勺
雪利酒醋	1⅓大勺
食盐	3克

直径26厘米的平底锅

1 将芦笋去叶鞘，去除外面较为坚硬的部位，去皮后，从中间横向切开，根部纵向切开。将豆角以及置于案板上腌制一段时间的秋葵各自从中间纵向切开。西蓝花分成小块，并将其与茎部分开。将蘑菇从中间切开，小水萝卜切成4等份。芜菁带皮切成4等份，棱角削掉。

2 将平底锅用强火加热，加入适量橄榄油、豆角、芦笋的根部，撒上少许食盐，搅拌均匀。将火调为较弱的文火，按顺序依次加入芜菁、西蓝花的茎、尖椒、芦笋的尖部以及切好的蘑菇、秋葵、西蓝花，撒上少许食盐。继续加入小水萝卜，将各种食材搅拌均匀，浇上雪利酒醋，加锅盖。立即关火，大约放置30秒钟后即完成整个料理的制作。

油煎绿芦笋

Sauté d'asperges

将绿芦笋全部加入热好的平底锅里,慢慢进行翻炒,将其炒上颜色。即使炒制的颜色不均匀也没有关系,这样看起来会更加有食欲。芦笋尖是最为美味的部位,一定要小心处理。较硬的根部则可以从中间切开,使锅中切入的芦笋均匀受热。

食材 2 ~ 4人份

芦笋······················· 12根(240克)

黑橄榄(带种)·············· 12粒

橄榄油·················· 1大勺

香醋·················· 1小勺

帕尔马奶酪·················· 10克

食盐·················· 1.5克

▬▬ 直径26厘米的平底锅

1 将芦笋去掉叶鞘,去除较硬茎部,按照芦笋尖1∶根部2的比例将其切开(如图a),将根部继续从中间切开备用。

2 向平底锅里加入适量橄榄油,用强火加热。放入1中切好的芦笋进行翻炒,待芦笋炒出颜色后,撒上适量食盐。尝一下火候,将其加热至您喜爱的硬度后,加入适量橄榄油。将火调小,加入香醋(如图b),将锅从火上撤下。将炒好的芦笋直接装盘,撒上切薄的帕尔马奶酪即可。

网烤白芦笋

Asperges blanches grillées

在白芦笋丰收的季节一定要品尝一下这款料理。用烤网烤出的白芦笋与煮出来的有很大差别，能够感受到芦笋里纤维的独特口感。烤出的芦笋还有一定咬劲。带皮进行烤制，再去皮，一定要使芦笋芯也充分受热。想要突出烤网烤制的特点，一定要适量撒上些食盐。少许食盐的加入能够充分凸显出芦笋的美味。

食材 1人份

白芦笋······· 1根
食盐······· 1克

1 将芦笋带皮直接置于烤网上烤制（如图a），直至将芦笋外面烤成黑色。

2 将烤好的芦笋去皮。根部外皮直接剥掉（如图b），芦笋尖外皮刮掉。将去

皮后的芦笋置于装水的容器里清洗上面变焦的部位，去除根部2厘米左右较为坚硬的部位。清理干净后，将食盐撒遍芦笋。

水煮白芦笋

Asperges blanches pochées

芦笋皮不要丢，一起加到锅里进行煮制，这样能够使味道更加饱满，使煮出的竹笋味道更加地道。煮好后，将芦笋直接放入煮制汤汁里进行冷却，也能够使芦笋外皮的味道更进一步地渗入芦笋里。此外，汤汁的余热还能使芦笋继续受热，使其具有较为柔软、多汁的口感，并且增加芦笋的咬劲。

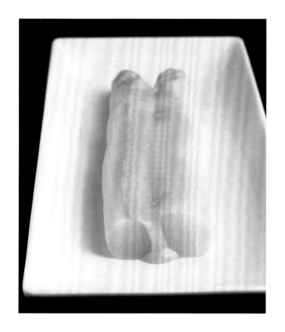

食材 1人份

白芦笋·· 2根
蛋黄酱（参照P59）·································· 适量

1 将芦笋去皮（参照P125）。去掉的皮也不要扔掉。

2 向锅里多加些水（分量外），加入芦笋皮，用强火加热。加热至锅中水沸腾之后，加入处理好的芦笋（如图a），大约煮制2分钟。煮好后，将锅从火上移开，将芦笋置于煮汁里，冷却至室温。将煮好的芦笋装盘，浇上蛋黄酱即可。

焦黄油煎菠菜

Sauté d'épinards au beurre noisette

将黄油浇上水分后会出现气泡。待水分蒸发之后，黄油里的乳浆会慢慢变焦，这一状态就叫做焦黄油。虽被叫做焦黄油，但也不能加热过度，使其焦得太厉害。加热至黄油稍微变色之后，就是加入菠菜的最适宜时机。炒制菠菜时溢出的水分里会带有涩涩怪味，因此装盘的时候一定要沥干水分。

食材 2人份

菠菜（叶）···1把（150克）   大蒜··········½瓣（5克）
黄油··············10克   食盐··············1.5克

直径22厘米的平底锅

1 将黄油、大蒜加到平底锅里，用中火加热，制作焦黄油（参照P62），加入菠菜后调为强火。稍微搅拌几下之后，撒上适量食盐。炒至菠菜溢出水分后（如图a），用笊篱捞出，菠菜半熟也没问题（如图b）。装盘时，将菠菜较生的部位向里放置，这样能够用余热使其充分热透。10~20秒之后，将菠菜叶伸开，沥干水分即可。

胡萝卜丝

Carottes râpées

胡萝卜丝是我冰箱里的常备菜。可以用来制作沙拉，也可以用作其他料理的配菜。做好的胡萝卜丝便于保存，您也可以用擦丝器擦出细丝，将胡萝卜丝表面弄出凹凸不平感。胡萝卜丝能够充分吸收蘸汁里的风味。

食材 3～4人份

胡萝卜··················	2根（320克）
芥末蘸汁（参照P58）··················	4大勺

1 将胡萝卜用擦丝器擦丝备用。

2 将1中擦成丝的胡萝卜、酱汁全部加到碗里，搅拌均匀。用手对胡萝卜丝进行揉搓。腌泡至胡萝卜丝溢出水分后（如图a），轻轻拧掉水分，直接装盘。这样处理完的胡萝卜丝置于冰箱里可保存2周左右。保存过程中胡萝卜丝溢出水分也照原样保存，隔一段时间稍微搅拌一下即可。

腌渍胡萝卜

Carottes glacées

胡萝卜靠近外皮的部位带有丝丝甜味，十分美味。因此，为了使用起来味道均一，没有太大差别，要将其乱刀切好备用。煮制的硬度可以根据您个人喜好进行调整，我一般比较喜欢煮制出带有一定咬劲的。

食材 2～3人份

胡萝卜··················	（160克）
黄油··················	15克
水 ··················	150~250毫升
食盐··················	1克

1 将胡萝卜乱刀切好备用。

2 将黄油、1中切好的胡萝卜放入锅里，用强火加热。加热至黄油化开之后，继续加入100毫升水和适量食盐。将锅里食材上下翻动，搅拌均匀。加热至锅中水分减少，但胡萝卜仍然很硬的话，可以再继续添加50毫升水。加热至黄油呈透明状，锅底呈现淡淡颜色后（如图a），对锅中食材进行持续搅拌。加热至胡萝卜表面呈油炸前的状态后，即可完成制作（如图b）。

胡萝卜浓汤

Potage Crécy

制作蔬菜浓汤时一定要对食材进行充分翻炒。将蔬菜翻炒至快要变碎，做出的料理就能带有一种天然的厚重感和甜味。美味的胡萝卜浓汤做好之后，只需要用水稀释即可。最开始食用的时候，您可能会感觉少了点什么，但这就是蔬菜本身的美味。如果加入牛奶，精心熬制的味道就会立刻被改变。南瓜、土豆、红薯、牛蒡等食材都可以根据下面的制作方法、分量制作成浓汤。

食材 2~3人份

胡萝卜	2根（320克）
黄油	60克
牛奶	50毫升
水	400毫升左右
食盐	3克

1 将胡萝卜切成1~2毫米厚的片状。将较粗部位切成4瓣，呈银杏形。较细部位从中间切开，呈半月形。切片的时候一定要尽量切出一样的大小。

2 将黄油和胡萝卜加到锅里，用强火翻炒，炒制过程中要不断用木铲搅拌。搅拌至黄油充分化开之后，将火调为中火。随着翻炒的进行，黄油会慢慢变黄，但在翻炒的过程中要注意火候的把握，防止对胡萝卜进行煎炸。此时黄油还没有变为较为清澈的状态。待锅底慢慢变为茶色，呈焦糖状后（如图a），要防止锅里食材变焦。加热至锅中水分蒸发、出现小气泡、黄油变清澈之后，加入2克食盐搅拌均匀。

3 加热至食材用手轻按就会变碎，但外观看起来仍呈酱状的柔软状态即可（如图b），加入牛奶，加热至锅中水分蒸发。加入牛奶之后，锅中食材会出现结块（如图c），继续进行翻炒，锅中黄油会变成透明状（如图d）。加入150毫升水，用强火加热。加入1克食盐后将各种食材充分搅拌均匀。

4 将3中食材移到搅拌机中搅拌。如果搅拌过程中搅拌机转动不开，表示水分不足。无需清洗，直接向3中的锅里加入50毫升水，将水煮至沸腾后，直接倒入搅拌机里。将搅拌机里的食材搅拌至呈光滑的泥状即可完成。

5 将4中搅拌好的胡萝卜泥加到锅里，加入清水（分量外，200毫升左右）进行稀释，将胡萝卜泥搅拌至适当浓度即可完成。最后尝一下味道，加入适量食盐（分量外）即可。

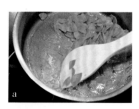

＋变化创新

胡萝卜泥

可以运用到所有胡萝卜料理中的胡萝卜泥。可用作煮制料理的拼盘、陶罐菜。稍微加入一点水进行稀释之后，加入小茴香或者咖喱粉，制作成烤鱼或者烤扇贝的酱汁。只要能想到的，您都可以尝试制作。

土豆牛肉饼

Croquettes

对于喜欢土豆的人来说，一定要尝试一下制作土豆牛肉饼。在日本，孩子们在放学回家的路上都会到肉店里买上这样一块土豆牛肉饼。如果您想在家享用，可以多加些肉，制作出属于自己的独家土豆牛肉饼。制作的要点是煮土豆的时候要防止过多的水分渗入。因此，要带皮进行煮制。选用土豆的种类可以根据个人喜好任意选择。

食材 8个份

土豆	500克
牛肉馅	200克
洋葱	120克
食盐	4克
黄油	10克
高筋面	适量
全蛋液	适量
面粉屑	适量
炸制用油	适量
番茄酱（参照P61）	适量

直径26厘米的平底锅

1 将洋葱切碎备用。将切好的洋葱、黄油和适量清水（分量外）加到平底锅里，用中火炒出甜味（参照P127）。向锅里加入牛肉馅，用汤勺背部等进行按压，将牛肉馅翻炒一下。稍微炒出较浓的颜色亦可。向锅里撒上2克食盐，搅拌均匀。将翻炒好的牛肉馅用笊篱捞出，沥干油分备用。

2 将土豆煮好后，去皮（参照P127）。将处理好的土豆置于碗里，用木铲压碎后，加入2克食盐搅拌均匀。土豆泥弄碎的程度可按照个人喜好进行调整。加入**1**中处理好的食材，将各种食材充分搅拌均匀。

3 将**2**中搅拌好的各种食材分成8等份，整理成椭圆形。将整理好的食材在冰箱冷藏室里醒发最少30分钟。

4 在**3**的外面撒上一层高筋面，抖掉多余的面粉。裹上全蛋液，撒上面包屑。

5 将炸制用油加热至160℃（温度以刚加入食材后面衣会慢慢掉落，牛肉饼会沉到锅底后慢慢浮起来为宜），放入**4**中做好的牛肉饼。加入牛肉饼后，慢慢将火调大，大约炸制1分钟，再将火调回原样。炸制过程中要不时上下翻动，7~8分钟就可以将牛肉饼炸上较为美观的颜色。炸好后沥干油分，装盘，添加番茄酱汁即可。

奶油烤土豆

Gratin dauphinois

在最初接触法国料理时，我最先吃到并且带给我美好回忆的就是这款奶油烤土豆。让土豆充分吸收食材中的乳脂是这款料理制作的要点。为了解决这一问题，最重要的就是烤箱的温度以及烤制时间的把握。无论哪种烹调方法，都有其理由。产自法国的牛奶味道浓郁、香醇，十分美味，但我们的牛奶就会有美中不足的感觉。因此，在制作过程中还会添加鲜奶油。

食材 2~3人份

＊长径24厘米、短径15厘米、深
5厘米的奶酪烤菜用盘
土豆（五月皇后等品种）… 500克
大蒜……………… 1瓣（10克）
黄油……………………… 10克
鲜奶油……………… 100毫升
牛奶………………… 100毫升
食盐……………………… 5克

1 将土豆切成5毫米厚的片状备用。

2 将大蒜从中间切开，挤出蒜汁涂抹于烤盘周围。烤盘侧面用黄油涂抹均匀（如图a）。

3 将土豆片错开位置，均匀摆放于烤盘底部（如图b）。向食材上撒适量食盐，倒入鲜奶油和牛奶。将以上操作步骤重复3次（如图c）。最后以刚好能浸过土豆的液体量为宜。

4 将整理好的食材在预热至150℃的烤箱里烤制1小时左右。查看烤制状态，待水分慢慢蒸发、被吸收掉后，继续加入鲜奶油和牛奶（全部都是分量外）。

清爽土豆丝沙拉

Salade croustillante de pommes de terre râpées

"如果再添加上一款清爽的料理就完美了"，这一清爽土豆沙拉就应运而生。与其他松软热乎、黏腻可口的土豆类料理相比，这款料理却给人一种清爽口感。经过水煮后充分去除黏腻感是制作时的一大要点。用来搭配的食材除了选用生火腿外，还可以选用萨拉米腊肠或者香肠等肉类。

食材 2~3人份

土豆·······························400克
生火腿（切细丝）···········30克
A ┌ 食盐·······················2克
　└ 橄榄油···················1大勺

1　将土豆从中间纵向切开后，切成长细丝。如果用擦丝器擦丝，土豆丝的表面容易带有凹凸不平的纹络，使食材容易浸入酱汁的味道（如图a）。将土豆丝置于清水中浸泡，防止其变色。

2　向锅里多加入些水（分量外），用强火加热至沸腾之后，加入1中处理好的土豆丝进行煮制。加热至锅里的水开始冒泡

后，将土豆丝用笊篱捞出，用流水冲洗一下。进行冷却操作能够防止土豆丝表面呈黏腻状。充分清洗干净后沥干水分备用。

3　将2中处理好的土豆丝和食材A加到碗里，用手搅拌均匀（如图b）。加入生火腿等搅拌均匀即可。

土豆沙拉

Salade de pommes de terre

说得夸张些, 这款料理只选用土豆进行制作亦可。是一款能够让您尽情品味土豆美味的沙拉。无论是切成块还是做成泥状, 无需循规蹈矩, 尽情体会制作的韵味与乐趣吧! 除直接食用外, 您还可以用其他蔬菜进行装饰。但是, 如果沙拉里混有太多的水分, 容易降低其美味程度, 因此加入蔬菜的时候, 一定要将水分充分沥干。芥末是为了增强整个料理的味道, 建议您事先将其与蛋黄酱充分混合均匀。

+ 变化创新

粉土豆

将水煮之后去皮的土豆放回锅里, 用木铲将其弄碎, 分成2~4等份, 用强火加热。加热过程中要不断晃动锅, 将土豆里的多余水分蒸发掉。加热过程中可以不加盖, 最后加入适量食盐进行调味即可。

食材 食材 4~5人份

土豆	600克
胡萝卜	150克
芹菜	100克
黄瓜	100克
洋葱	120克
食盐	7克
A ┌ 蛋黄酱(参照P59)	130克
└ 芥末	30克

1　将胡萝卜切成半月形, 芹菜切薄片, 黄瓜逆着纹络切成薄片, 洋葱切薄片备用。

2　向锅里加入适量水（分量外）, 用

强火加热至沸腾之后, 加入切好的胡萝卜, 稍微等待一段时间后加入切好的芹菜, 煮好备用。加热至胡萝卜没有青草味儿之后, 用笊篱捞出, 冷却。

3　将切好的黄瓜和洋葱分别用1克食盐揉搓一下（参照P126）。

4　土豆煮好后去皮（参照P127）, 置于容器里, 慢慢弄碎, 趁热加入5克食盐, 将食盐与土豆泥搅拌均匀。

5　将食材A加到小碗里, 搅拌均匀。

6　将5中搅拌好的食材加到4中处理好的土豆泥里搅拌均匀（如图a）。继续加入2中处理好的食材, 将各种食材充分搅拌均匀。待食材稍微冷却, 加入3中处理好的食材, 搅拌均匀即可（如图b）。

油煎土豆咸猪肉

Sauté de pommes de terre et de porc salé

在法国乡下，咸猪肉深受大家喜爱，是一种较为流行的食材。由于法国还经常被人们誉为土豆文化的国度，其土豆料理的制作和搭配均较为正统。制作的要点是注意烤制火候的把握，如果烤得半生不熟，土豆里容易有怪味，一定要充分烤制才能具有香香的风味。

食材 2人份

土豆	500克
咸猪肉 (参照 P107)	150克
黄油	25克
食盐、黑胡椒粉	各适量
色拉油	50毫升

直径26厘米的平底锅

1　将咸猪肉顺纤维方向切薄。

2　土豆带皮乱刀切成一口大小。切好后无需放入水里。

3　向平底锅里加入10克黄油，用强火加热。向锅里加入1中切好的咸猪肉，将其炒出颜色（如图a）。待咸猪肉烤上颜色后将其盛出。

4　平底锅无需清洗，直接加入适量色拉油和2中切好的土豆，用强火翻炒。翻炒的时候一定要不断晃动，对食材进行翻转。翻炒至土豆之间不会相互黏连后，将火调为文火。继续加热7~8分钟，不断翻动，使土豆烤上较为美观的烤制颜色即可。将炒好的土豆放入笊篱里，沥干油分（如图b）后放回平底锅里。继续加入3中炒好的咸猪肉，用强火加热，加入15克黄油搅拌均匀。尝一下味道，撒上适量食盐、黑胡椒粉即可。

土豆泥

Purée de pommes de terre

土豆泥是一种从古代就有的传统料理，一般多将其与肉类料理一起搭配食用。土豆泥的美味就在于它的黏腻口感。黄油、牛奶和鲜奶油加热后放到土豆泥里，更加能够增加食材的黏腻感。用搅拌机充分搅碎，让您充分体会这款料理的独特口感。

食材 容易制作的量

土豆	……………………	500克
	黄油 ……………………	125克
A	牛奶 ……………………	125毫升
	鲜奶油 ……………………	125毫升
	食盐 ……………………	3克

━ 小锅

1 将土豆水煮后去皮（P127），稍微切一下备用。

3 将1中处理好的土豆、2中沸腾的各种食材加到搅拌机里，搅拌至各种食材呈黏稠状。

2 将食材A加到锅里，用强火进行加热，使锅里食材沸腾。

＋ 变化创新

帕尔马风味肉酱土豆泥

这是一款法国人最为喜爱的家庭料理。帕尔马（Parmentier）是将土豆传至法国且将其流传开来的重要人物，为了纪念他，一般法国的土豆类料理中都会加入他的名字。

食材 2~3人份

土豆泥	…………………	600克
肉酱(参照P34)	…………………	250克
帕尔马奶酪(磨碎)	…………………	适量

将肉酱放入奶酪烤菜烤盘里摊平，加入土豆泥，继续摊平。在土豆泥上均匀撒上一层帕尔马奶酪，将整理好的烤盘置于180℃的烤箱里，将表面烤上颜色即可。

德式土豆包饭

Omelette à l'allemande

德式土豆包饭的制作方法是将土豆和肉酱翻炒后加入鸡蛋，将其烘烤至凝固。另外一个有名的西班牙风味土豆包饭是将腌泡后的土豆用笊篱捞出，与鸡蛋混合到一起烤制而成。我要介绍的这款土豆包饭是将以上两种土豆包饭的优点结合到一起，将土豆腌泡之后，还大量加入牛肉，充分加热，使中间部位也充满凝固后的鸡蛋。

食材 4~5人份

土豆	500克
洋葱	100克
切碎的牛肉	300克
色拉油	300毫升
食盐	5.5克
鸡蛋	6个
黄油	15克

直径26厘米的平底锅

1 将土豆去皮, 从中间切开, 再切成
4~5毫米厚的薄片。洋葱切薄丝
备用。

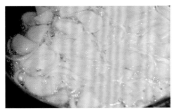

2 将适量色拉油、**1**中切好的食材
加到平底锅里, 用强火翻炒。
待锅中油花四溅的时候, 将火调味
文火, 不断搅拌, 将其翻炒15分钟左
右。翻炒的时候一定要保持食材浸在
油里面。加热至用手轻轻按压土豆会
变碎的时候, 将锅里的食材用笊篱捞
出, 沥干油分。

3 无需清洗平底锅, 稍微留一点
油, 加入牛肉, 用强火翻炒。过
度搅拌的话, 容易使肉汁溢出, 因此
稍微搅拌一下即可。加入1.5克食盐,
翻炒出香味后(肉块还带有红色部分
也没有关系), 将炒好的牛肉用笊篱
捞出。将笊篱里的肉移到碗里。

4 将鸡蛋打到另一个碗里, 加入4克食
盐, 用打蛋器将蛋液搅拌至光滑,
使其渗入充分的空气。将搅拌好的蛋液
置于**3**中牛肉里, 稍微翻动搅拌几下。

5 将黄油加到平底锅里, 用文火加
热至黄油化开后, 加入**4**中的食
材。搅拌一下有蛋液的地方, 这样能够
让食材充分熟透。将食材充分搅拌均
匀后, 调为小火。整理好锅里的食材,
继续加热10分钟左右。为了之后翻面
方便, 此时要轻轻敲击锅把手, 慢慢滑
动锅里食材。将橡胶铲从边缘插入, 使
锅与鸡蛋分离开。

6 加热至土豆包饭的边缘开始翻动
后, 轻轻晃动平底锅, 使其滑
至边缘。将盘子像锅盖似的盖到包饭
上, 将锅里的食材移到盘子里。将盘
子里的食材另一面冲下重新放回平底
锅里, 继续烤制2~3分钟。轻轻按压
中间部位, 食材带有一定弹力时即可
完成制作了。

水煮蛋

Œufs durs

我选用的鸡蛋一般为大号的。根据其大小的差异，煮制时间也有所不同。例如，想要煮得较为坚硬时，大号鸡蛋一般10分钟，中号9分钟左右即可。但是，如果煮制时间过长、煮得过度，蛋黄周围会变成灰色，应避免这一点。多煮制2~3分钟，蛋黄周围就会变色。煮制10分钟后，从热水中取出，如果没有立即进行冷却，蛋黄也容易变色。煮制半熟鸡蛋的时候，即使只有30秒的时间差异，也会相差很多，因此在锅中的水沸腾之后，要立刻进行计时。不管是哪种煮制方法，只需您多次操作，就容易总结出大致规律来了。

＊要提前将鸡蛋恢复至室温。如果鸡蛋存在温度差，容易碎裂。

＊可以不加入食盐和醋。如果煮制过程中蛋壳破裂蛋液流出，也会很快凝固住。

＊由于蛋黄位于鸡蛋的中间部位，因此在锅中的水沸腾之前，一定要用筷子不断转动鸡蛋。鸡蛋的凝固点在60~65℃，在水沸腾的时候，蛋黄已经处于凝固状态。

＊为了能够将蛋壳轻松去除，煮好的鸡蛋一定要进行充分冷却。

2 加热至锅中清水开始沸腾后，立即按下计时器，将火调小些。

4 轻轻将鸡蛋打碎，从薄膜部位将鸡蛋剥开。

3 按照煮制时间将鸡蛋煮至您喜爱的硬度之后，将鸡蛋捞出置于凉水中，将鸡蛋充分冷却。

1 选用较大的深锅，加入鸡蛋和能没过鸡蛋的清水，用强火进行加热。待锅中清水慢慢变热之后，用筷子时不时轻轻地转动鸡蛋。

| 水沸腾之后调为文火的加热时间 | 3分30秒: 半熟鸡蛋（蛋黄稍稀，十分柔软） | 4分钟: 半熟鸡蛋（蛋黄周边稍微凝固） | 10分钟: 煮硬的鸡蛋 |

鸡蛋三明治

鸡蛋三明治是一种家庭风味的料理。不直接添加芥末酱，而是选用现磨芥末，具有一种家的味道。黄油能够起到阻隔水分进入面包的作用。我在制作的时候，一般会多涂抹一层黄油。

食材 2人份

水煮硬鸡蛋（去皮）	3个
三明治用面包	6片
黄油	适量
现磨芥末	适量
蛋黄酱（参照P59）	50克
芹菜（切碎）	2g
食盐	少许（0.5g）

1　将黄油和现磨芥末涂抹于面包上。结合个人口味，还可以撒上一层黑胡椒粉（分量外）。

2　将水煮鸡蛋放入碗里，用打蛋器打碎（如图a）。继续加入蛋黄酱、芹菜和食盐后搅拌均匀。

3　将2中搅拌好的食材涂抹于1中的面包上（如图b）。涂抹时面包边缘要留出一定的边，将6片面包全部均匀涂好之后，每2片组合到一起，轻轻按压面包片，将其切成适当大小即可。

半熟鸡蛋菠菜沙拉

这是一款法国家常小菜，蔬菜没有必要一定选用菠菜，小松菜、紫红莴苣等味道较浓的叶状蔬菜均可。长棍面包的量也可以根据个人喜好进行调整，加得多的话，整款料理可以用作主食。

食材 2人份

半熟鸡蛋（去壳）	2个	橄榄油	1大勺
菠菜（叶）	65克	红葡萄酒醋	2大勺
长棍面包	适量	黑胡椒粉	少许
大蒜	½瓣	食盐（尝一下味道）	少许
熏猪肉（切细）	70克		

1　将长棍面包切薄片后充分烤制，将其两面都涂抹上大蒜。

2　将菠菜置于碗里，将1中处理好的长棍面包弄碎后加入，将半熟鸡蛋弄碎后加入。

3　将熏猪肉加到平底锅里，用文火翻炒。待熏猪肉变色之后，加入适量黑胡椒粉、橄榄油（锅里油脂过多的情况下无需加入橄榄油），用强火加热。加热至锅中食材慢慢翻动后，加入红葡萄酒醋，稍微煮制一段时间。趁热将其倒入2中食材里，搅拌均匀。品尝一下味道，加入适量食盐调整一下味道。

水煮荷包蛋

Œufs pochés

鸡蛋是由中间部位的蛋黄以及其周围的蛋白构成的，蛋白又分为靠近蛋黄部位的浓蛋白和外侧的稀蛋白。如果浓蛋白不是很凉，加到热水里会很快散开，没办法做出美观的荷包蛋。因此，一定要在制作之前将鸡蛋事先放入冰箱里。制作荷包蛋时，我一般喜欢加热1分钟以内，做出较为稀软的荷包蛋。如果喜欢吃硬荷包蛋，加热3分钟左右也未尝不可。但是，我感觉荷包蛋的美味和特别之处就在于切开后流出软软的蛋黄。如果您想食用较硬的，建议您直接选用水煮鸡蛋。

要点

＊事先将鸡蛋置于冰箱冷藏室进行冷却。

＊热水不要加热至冒出大气泡，保持锅中热水一直冒出小气泡即可。但是，气泡太小也不可取。

＊选用不粘、较深的锅。

＊准备好长柄勺。

＊将鸡蛋煮至合适的柔软度。

＊每次最多做2个，而且制作的时候要留有一定的时间差。

2 将鸡蛋打到小碗里，慢慢倒入热水里。

4 用长柄勺将鸡蛋迅速捞出，置于清水里。荷包蛋在锅中的煮制时间大约为1分钟。

1 向锅里加入适量清水，用强火进行加热。加入适量食盐，使水中带有较浓的咸味。保持锅中水沸腾的状态，并且不断有小气泡冒出。

3 将沉入锅底的鸡蛋用橡胶铲慢慢铲下来。待鸡蛋稍微凝固后，将其上下翻转过来。

5 将鸡蛋取出置于手上，用小刀将边缘部位切掉，整理好鸡蛋的形状。

黄麻凉汤加荷包蛋

在我印象当中，这是一款将黄麻的纤维与鸡蛋的蛋白质完美结合起来的沙拉。为凸显出食材的美味，料理中加入的黄油较少。制作方法则是水煮代替了煸炒。这也是中国料理中常用的制作方法。

食材 2人份

半熟鸡蛋（去壳）	2个
黄麻	80克
鸡骨架汤	400毫升
黄油	20克
秋葵	4根

1　将鸡骨架汤加到锅里，用强火加热至沸腾后，加入适量黄油、黄麻，稍微煮一会（如图a）。

2　将1中各种食材加到搅拌机里搅拌。将搅拌好的食材捞到笊篱里过滤（如图b），过滤好的食材移到碗里。将碗底部放入冰水里冷却（如图c）。

3　将秋葵置于案板上揉搓，稍微水煮之后取出放入冰水里。

4　将2中处理好的食材倒入容器里，放上煮好的荷包蛋，装饰上从中间纵向切开的秋葵即可。

原味煎蛋卷

Omelette nature

煎蛋卷是制作蛋皮的过程。用刀慢慢切开，表面保留一张完整的蛋皮，而里面却是炒鸡蛋，这样才是最理想的煎蛋卷。如果没有形成蛋皮，就完全是一份炒鸡蛋。速度和时机是制作煎蛋卷的成功秘诀，切记不可以文火慢慢翻炒。制作时您可以对形状进行整理，但不要将其做得过于膨胀。此外，如果用含有较多空气的蛋液进行制作，炒出的鸡蛋容易膨胀起来，这也是制作失败的一大原因。制作时要对鸡蛋进行充分搅拌，但不要使其含有过多的空气。

食材 1人份

鸡蛋·····························3个
食盐····················少许（0.5克）
鲜奶油（或者牛奶）···········1大勺
黄油·························10克

▬ 直径22厘米的平底锅

1 将鸡蛋打到碗里，用筷子充分搅拌，搅拌鸡蛋的时候一定不要混入过多的空气。加入适量食盐、鲜奶油后，将各种食材充分搅拌均匀。

2 将黄油加到平底锅里，用强火转动锅边进行加热，加热至黄油化开后，将1中搅拌好的蛋液一次性加到锅里。

3 保持加热的状态，将平底锅前后晃动，从外侧向内侧用筷子像画螺旋一样将鸡蛋慢慢搅拌开。

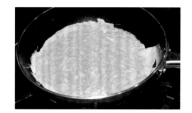

4 待蛋皮被加热至合适的硬度后，将平底锅静置1~2秒，完成蛋皮的制作。

5 将平底锅从火上移开，利用锅的余热将蛋皮热透。将平底锅慢慢倾斜，将蛋皮向锅外侧翻过去，利用平底锅的边缘整理鸡蛋的形状。

6 将平底锅移回炉灶上。用左手拿住平底锅，向另一侧倾斜，将蛋皮上下活动。待蛋皮的另一侧翻过来之后，时不时地用右手慢慢向下抖动锅把手。拿住锅把的手让锅慢慢直立起来，将蛋皮翻转过来。慢慢晃动锅把手，一点点转动蛋皮，将蛋皮连接部位从上面移到下面，使连接部位熟透。

7 继续翻动蛋皮，使蛋皮的连接部位再次转到上面，将煎熟的蛋皮移到盘子里。移动的时候，用手拿住盘子，将平底锅直立起来，使蛋皮连接部位向下。

+ 变化创新

罗克福尔干酪煎蛋卷

这是一款煎蛋卷的实际应用篇。由于罗克福尔干酪在加热过程中容易溢出水分，制作起来稍微难一些，但如果实在做不出来，索性就直接做成炒鸡蛋吧！制作的时候您一定不要想可能会失败，要充分相信自己。做好的罗克福尔干酪煎蛋卷味道卓越，美味异常，品尝一口让你笑逐颜开。

食材 1人份

鸡蛋····························· 3个
罗克福尔干酪···············30~40克
鲜奶油（或者牛奶）··········· 1大勺
黄油························· 10克

制作方法与原味煎蛋卷一样。只不过在1中与鲜奶油一起加入切碎的罗克福尔干酪，将其搅拌均匀即可。

传统鸡蛋糕
Recette traditionnelle : la quiche lorraine

原味鸡蛋糕
Quiche maison :
olives vertes, confiture d'ail, tomates demi-sèches et œuf dur

鸡蛋糕是法国洛林一带的传统料理。原本当地人们都会带有面派面团作为模具和基底进行制作，但这里我们选用没有面团、没有模具的简单类型。大体的制作方法是共通的，只要任意发挥您自由的想象力，就可以轻松做出各种美味的鸡蛋糕。制作的技巧是只需设定好时间，隔水加热即可。没有面团的鸡蛋糕让您百战百胜、屡试不爽。

食材 各2盘份

＊直径15cm、容量200毫升的耐热容器

［鸡蛋糕］
- 鸡蛋 ……………………………… 1个
- 鲜奶油 ………………………… 60毫升
- 牛奶 …………………………… 60毫升
- 食盐 ……………………………… 1克
- 白胡椒粉 ……………………… 少许

［传统鸡蛋糕馅料］
- 格律耶尔奶酪 ………………… 60克
- 熏猪肉 ………………………… 60克

［原味鸡蛋糕馅料］
- 煮制鸡蛋 ………………………… 1个
- 格律耶尔奶酪 ………………… 40克
- 半干西红柿（参照P61）……… 4个
- 大蒜 ………………………… 2~3瓣
- 绿橄榄 …………………………… 8个

＊也可以选用大蒜、绿橄榄或者大蒜绿橄榄的腌制泡菜（参照P60）进行制作。

1 将鸡蛋打到碗里，加入鲜奶油、牛奶后用打蛋器进行搅拌，搅拌的时候一定注意尽量不要搅拌出气泡。如果蛋液起了很多气泡，制作出的鸡蛋糕容易有结块。

2 将1中搅拌好的蛋液用笊篱过滤，加入食盐、白胡椒粉搅拌均匀。

3 将传统鸡蛋糕的各种馅料分别切成1厘米小块状。

4 将原味鸡蛋糕馅料里的鸡蛋切成4等份。将大蒜去皮，较大个头的大蒜从中间切开

5 将制作鸡蛋糕需要的1盘份食材加到耐热容器里，倒入1份用量的2中搅拌好的蛋液。按照食谱用量，鸡蛋糕和馅料都是2盘份的。想要分别制作2盘传统鸡蛋糕和原味鸡蛋糕的时候，可以将各种食材加倍即可。

6 将5中搭配好的食材摆放于方平底盘里，倒入适量热水（分量外）。加入热水的量与鸡蛋糕差不多高即可。将整理好的方平底盘放入预热至160℃的烤箱里隔水烤制10分钟左右。烤好后，仍将其置于烤箱里放置10分钟左右，使锅里的鸡蛋糕充分煮透。最后将鸡蛋糕置于180℃的烤箱里烤制2~3分钟，将鸡蛋糕表面烤上较为美观的烤制颜色。

谷升主厨的厨房

香味调料

白葡萄酒醋

将葡萄酒利用醋酸菌进行发酵之后制作出来的就是葡萄酒醋。葡萄酒醋与葡萄酒一样，分为白葡萄酒醋和红葡萄酒醋。与普通的醋相比，这种葡萄酒醋带有更加清爽的水果味，酸味也较强。您还可以用米醋或者谷物醋替代。

第戎芥末酱

原产自法国。按照第戎当地传统制作方法制作出的就是第戎芥末酱。将其用白葡萄酒和白葡萄酒醋稀释之后，芥末酱在带有清爽辣味的同时，还带有一种酸酸的水果味。当您想要使料理中带有一种较为温和的香味时，就可以使用这种第戎芥末酱。

藏红花

藏红花具有一种爽朗的香味。颜色可以用姜黄根等代替，但是那种浓郁的香味却是无法替代的。藏红花价格较贵，如果您实在买不到，不加也行。使用藏红花制作料理时一定要注意用量的把握，加入过多时料理容易变苦。

香醋

香醋是一种果汁醋，原料是葡萄的浓缩果汁。以前香醋都是放入坛子里进行熟成而制作的。香醋的特点是具有浓重的颜色和独特的芳香。当您需要比葡萄酒醋更加浓郁的味道的时候，就可以选用香醋了。我一般会将香醋煮至剩余1/3的量后再倒入细口瓶里，放入常温保存。香醋味道甘甜且浓郁，制作出的料理异常美味。

青葱

法式料理中最常会被用到的香味蔬菜就要数青葱了。青葱的鳞茎部位与洋葱形状相似，具有一种独特的香味。但其味道等却与洋葱有着很大的差别。我店里的厨房里一般会常备青葱蘸汁（参照P58）。使用青葱时，您可以事先将其切碎备用。如果实在没有，您也可以选择洋葱。

胡椒粉

胡椒粉可以说是料理香味的重要组成部分，是一种常见的香辛料。正因为我如此喜爱胡椒的味道，才想要在料理制作中正确使用这种调味料。平常我们还会用到"椒盐"这种调料，尤其在制作烤制料理的时候，食材经过高温加热之后会出现焦臭味。制作煮制料理的时候，如果最开始就加入胡椒粉，做出的料理会带有苦味。因此，要特别注意加入胡椒粉的必要性和时机。本书中选用的是黑胡椒粉，所有添加的黑胡椒粉都是经粗碾加工，结合料理的特点进行适量添加。买来的胡椒一般都是颗粒状的，使用的时候可以将其碾碎再添加到料理中。与香水一样，如果胡椒粉与空气接触过多，香味容易慢慢散掉。如果做好的料理需要加热再食用，建议您在出锅之前追加适量胡椒粉。

普罗旺斯混合香草

是将各种干香草混合到一起制成的混合类香料。经过干燥处理的各种香料味道得到更好的积蓄，比新鲜香草具有更加浓郁的味道，当您想要给料理添加香草香味的时候使用十分方便。不同品牌的混合香草味道会有些许差异，您可以结合自己的口味选择适合自己的品牌。如果您有特别喜爱的香草味道，还可以自行进行组合，创造出只属于自己的味道。

可以充分享用的煮制料理

没有煮制料理的话，法式地方料理就无从谈起。利用当地的各种食材，按照各家不同的制作方法进行制作，具有十分浓郁的地域特色。在没有冰箱的年代，为了保存食材方便，人们会将其煮制好再进行保存，这也是实现做好之后可享用的制作原点。事先准备好，十分适合用来招待客人。另外，将您做出的美味煮制酱汁稍微烧制一下，就可以浇到肉上直接食用，十分美味。可做成清汤，可制成酱汁，煮制料理的奥妙无穷无尽。

啤酒牛肉

Carbonade

这是一款比利时料理，如果在加入面粉炒制洋葱的时候加入粗糖，可以制成焦糖味道的能够为料理增添较为浓厚的甜味。我制作时，一般靠炒制的洋葱、比利时啤酒以及白兰地等来调整整体料理的味道。如果不选用牛五花肉，您还可以选择猪肉，也可以选用牛小腿肉以及脂肪较少的猪五花肉等。不管选用哪种肉类，都要将肉的两面充分烤制上颜色。

CHIMAY是一种比利时啤酒的名称。酒中含有较为清新的水果香味、成熟的浓郁口感以及清爽的甜味。建议您选用红色的。这道料理中一定要添加CHIMAY，如果用别的啤酒代替，制作不出这种独特味道。

食材 4人份

牛五花肉块（去筋去油脂）……950克
食盐…………… 9.5克（肉量的1%）

［炒洋葱］
┌ 洋葱………… 3个（600克）
└ 黄油………… 20克

高筋面…………… 15克
鸡骨架汤…………500毫升
啤酒（CHIMAY、甜味）…750毫升
白兰地…………… 50毫升
黄油…………… 20克
黑胡椒粉…………… 少许
土豆泥（参照P90）…… 适量

━ 直径26厘米的平底锅
━ 直径21厘米的深锅

1 将牛肉去筋，去除较大的脂肪块。将肉块整体撒上适量食盐，揉搓好，将处理好的肉块置于冰箱冷藏室放置一晚。置于冰箱里的牛肉最长可以腌制1周左右。

2 牛肉经过煮制之后会变成原来的2/3大小，结合完成后的状态，将牛肉切成适当大小。

3 将2中切好的肉块的脂肪部位向下放入平底锅里，用强火加热。从较厚的肉块开始将其依次放入锅里，稍微留有一定的时间差。稍微加热一段时间后，调为中火，将肉块里的油脂加热出来。加热3~4分钟后，将肉块翻过来，倒掉锅里的脂肪。一直保持肉块下面留有一定油脂的状态，对牛肉进行慢火烤制。待肉块慢慢紧缩，锅里出现一定的空隙后，继续加入较薄的肉块，采用同样的方法进行烤制。

4 炒牛肉时，可以在另一个锅里制作炒洋葱（参照P15-1）。向锅里加入高筋面，用文火~中火对锅里的面粉进行翻炒，使锅底带有一层面粉膜。加入面粉的时候要防止结块，将面粉散开，并且炒制时要防止面粉变焦。炒至面粉的粉末感消失时会慢慢出现香味，要将面粉炒至快要变焦（如图中）时再加入鸡骨架汤。慢慢铲动锅底，用打蛋器搅动锅里食材，将炒面粉溶开。

5 将3中的牛肉表面、里面和侧面全部煎一下。丢掉煎下来的油脂。将牛肉煎上较为美观的颜色后，将其放入4中锅里。加入啤酒、白兰地等食材，用中火加热2小时左右。加热过程中要不断搅拌锅底，锅中水分不足的时候，要补充水分（分量外）。

6 大约煮制2小时左右后，取出煮好的牛肉，撇干净表面的浮油。表面的浮油不但不美味，还带有怪味。将锅慢慢倾斜，比较容易撇干净浮油。

7 向小平底锅里加入适量黄油，用强火加热，制作焦黄油（参照P62）。

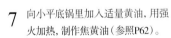

8 待6中的煮汁沸腾之后，加入7中的焦黄油，搅拌均匀。向锅里加入适量黑胡椒粉，搅拌均匀。将牛肉装盘，浇上煮汁，放上土豆泥即可。

咸猪肉蔬菜浓汤

Potée

将猪肉和蔬菜完美结合起来的咸猪肉蔬菜浓汤。将蔬菜与其他肉类搭配时还可以叫做pot au feu。做这样的汤一定要做出汤汁较为澄澈的效果。如果加锅盖进行煮制，锅里的汤汁容易浑浊，因此制作这样的汤汁料理时一般不加锅盖。采用的火候以加热过程中锅里表面食材会慢慢翻动为宜。这个一定要注意，煮制的时候一定不能用大火，不能使食材来回翻滚。另外，将土豆一起与锅中食材进行煮制的话，锅里的汤汁容易变浑浊，因此将土豆用别的容易煮好后，最后将其与其余食材混合到一起即可。在这道食谱中，猪肉发挥了很大的作用。煮制之前，将猪肉充分入味之后，再进行煮制，这是做出美味浓汤的制胜法宝。煮汁里只需添加清水即可。咸猪肉的搭配能力较强，做好后可以改变成多种料理。

食材 4人份

[咸猪肉]

猪肩五花肉块	…… 800克	芹菜	……1根(120克)
		土豆	……2个(300克)
A 食盐	…… 24克(肉量的3%)	豆角	……200克
A 砂糖	…… 12克(肉量的1.5%)		
黑胡椒粉	2.4克(肉量的0.3%)	B 黑胡椒粉	……适量
圆白菜	……½个(370克)	B 第戎芥末酱	……适量
洋葱	……1½个(300克)	食盐	……适量
胡萝卜	……2根(320克)		

直径21厘米的深锅

3 将切好的圆白菜加到1中锅里。煮制10分钟左右后，加入切好的洋葱、胡萝卜和芹菜，继续将锅中食材煮制40~50分钟。

4 将土豆水煮后去皮（P127），从中间切开。

5 将豆角加到3中锅里，煮制10分钟左右，将其煮软后就可以完成制作了。将咸猪肉切开，与4中土豆一起装盘，撒上食材B中的调味料即可。

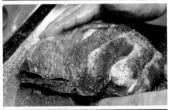

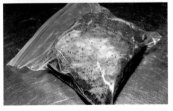

把调味料A在碗中混合均匀后，涂抹在猪肉表面。充分揉搓直至水分渗出。之后把猪肉放入食品保存袋，抽干空去，置于冰箱冷藏室内一个星期（最短也需要储放3天）。猪肉经过熟成、发酵之后，颜色会稍稍加深。

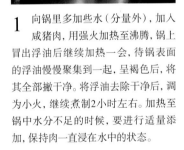

1 向锅里多加些水（分量外），加入咸猪肉，用强火加热至沸腾，锅上冒出浮油后继续加热一会，待锅表面的浮油慢慢聚集到一起，呈褐色后，将其全部撇干净。将浮油去除干净后，调为小火，继续煮制2小时左右。加热至锅中水分不足的时候，要进行适量添加，保持肉一直浸在水中的状态。

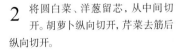

2 将圆白菜、洋葱留芯，从中间切开。胡萝卜纵向切开，芹菜去筋后纵向切开。

面包烤菜

长棍面包可以充分吸收鲜美的汤汁。之后加入的汤汁也不要过多，而且一定要对蔬菜表面进行充分烤制，使其散发出浓郁香味，充分感受料理中间部位的软润口感。加入蔬菜和长棍面包的比例可根据个人喜好进行适当调整。

食材

咸猪肉蔬菜浓汤（蔬菜、汤汁）适量
长棍面包……………………适量
帕尔马奶酪（磨碎）…………适量

1 将做好的咸猪肉蔬菜浓汤放置一晚上，取出浮在表面的油脂。将汤里的蔬菜切成一口大小，长棍面包切成1厘米宽后再从中间切开。

2 将切好的长棍面包加到碗里，加入汤汁，使面包充分吸收汤汁（如图a）。继续加入各种蔬菜，将碗里的各种食材

搅拌开（如图b）。

3 将2中的各种食材放入奶酪烤菜烤盘里，添加适量浓汤，使浓汤位置到容器的2/3高度即可（如图c）。加入帕尔马奶酪。对微波炉（600W）进行预热，用烤箱模式将食材烤至表面出现较为浓重的烤制颜色即可。

尼斯风味沙拉

将水煮土豆、豆角、番茄、水煮鸡蛋、鳀鱼等食材混合到一起。咸猪肉蔬菜浓汤里的蔬菜处于冷却状态亦可。在盘子中将各种食材充分搅拌均匀后就可以享用美味了。

食材

咸猪肉蔬菜浓汤(仅蔬菜)…………适量
水煮鸡蛋……………………………适量
芥末蘸汁(参照P58)………………适量

A　鳀鱼(鱼肉)……………………适量
　　绿橄榄(P60大蒜和绿橄榄的腌泡物)… 适量
　　半干番茄(参照P61)…………适量
普罗旺斯盘装菜(参照P60)…………适量

1　将咸猪肉蔬菜浓汤里的蔬菜和水煮鸡蛋切成适当大小。

2　将1中的各种食材装盘，浇上芥末酱汁，撒上食材A，添加上普罗旺斯盘装菜即可。

109

水煮汉堡

Steak haché en ragoût

将用于制作煮汁的红葡萄酒醋、红葡萄酒和酱油煮至带有光泽即可。这种状态叫做镜面状态，法语中是镜子的意思。煮汁煮至镜面状态能够将各种食材的美味和风味充分浓缩，制作出带有浓郁风味的煮汁。味道较为丰富的酸味煮汁与汉堡以及酸甜的芒果搭配起来，十分美味。汉堡里的肉选用牛肉和猪肉的和绞肉馅，您也可以选用100%牛肉。制作方法都大同小异，结合个人喜好和口味制作起来吧！

食材 2人份

[汉堡包]

和绞肉馅[牛7∶猪3]	360克
洋葱	½个（100克）
黄油	10克
A ┌ 牛奶	1⅓大勺
├ 面包屑	20克
└ 鸡蛋	½个
食盐	3克
黑胡椒粉	少许（0.5克）

[煮汁]

赤红葡萄酒醋	50毫升
红葡萄酒	300毫升
酱油	1小勺
鸡骨架汤	200毫升
黄油	20克
黑胡椒粉	适量

[配菜]

莲藕	130克
芒果	2个（400克）
黄油	5克
色拉油	2小勺
食盐	适量
辣椒粉	适量
黑胡椒粉	适量
欧芹（切碎）	适量

━━直径26厘米的平底锅

1 制作汉堡的肉派，将食材6等分之后，整理好形状（参照P11-1~8）。

2 将1中整理好的肉派置于平底锅里进行烤制（参照 P11-9~11）。

3 从2中的锅里取出汉堡。倒掉锅里的多余油脂，无需清洗平底锅。

4 将平底锅继续用强火加热，加入红葡萄酒醋，将锅里醋中的酸味挥发之后，用醋将锅整体清洗一下。向锅里加入红葡萄酒和酱油，转动平底锅，防止锅里的调料煮焦。

5 加热至锅中调料不再光滑地转动、锅底慢慢露出且出现光泽后，加入鸡骨架汤。立即加入做好的汉堡肉派，慢慢浇上酱汁，用中火进行煮制。

6 向另一个平底锅里加入20克黄油，用强火加热，制作焦黄油（参照P62）。

7 将6中做好的焦黄油一口气倒入5中，使其慢慢乳化。慢慢加入的话，焦黄油容易分离，加入的时候需要注意这点。煮制过程中要时不时地翻动汉堡肉派，向肉派上浇酱汁。煮至锅中水分减少后，将火调小，将酱汁煮至适当浓度，撒上适量黑胡椒粉。

8 将莲藕去皮后放入水里清洗一下。将清理好的莲藕纵向四等分，再乱刀切成小块状。芒果去皮后切成长条状。向平底锅里加入1小勺色拉油、莲藕后，用强火翻炒，加入少许食盐。将火调为中火，当各种食材煎上颜色后，加入适量黄油，将锅内食材上撒适量辣椒粉。向平底锅里加入1小勺色拉油、切好的芒果后，用强火加热。由于芒果中含有糖分，加热过程中容易变焦，因此翻炒过程中要不断晃动食材。待锅中食材煎上颜色后，加入少许食盐、黑胡椒粉，撒上欧芹末，将锅中食材与7中食材一起装盘即可。

圆白菜卷

Chou farci

和绞肉馅很容易就能熟透，稍微煮制一段时间就能煮好，慢火充分煮制，才能做出美味的圆白菜卷。通过充分煮制，能够让圆白菜充分吸收肉酱的美味，使圆白菜上带有较为浓郁的肉味。因此，一定要选用较为湿润、蓬松、柔软的肉类，煮制的锅要选用能够将圆白菜充分煮透的大小。如果卷得不够紧实，菜卷容易散开，而且容易煮碎。在煮制过程中圆白菜也会慢慢紧缩，也能够起到紧致菜卷的作用。

圆白菜	1棵（400克）
和绞肉馅[牛7：猪3]	400克
胡萝卜	½小根（60克）
洋葱	1个（200克）
芹菜	½根（60克）
黄油	40克
A ┌ 番茄酱	1大勺
┤ 食盐	3克
└ 黑胡椒粉	适量
鸡骨架汤	300毫升

— 直径26厘米的平底锅
— 直径21厘米 ×9厘米的深锅

1 将胡萝卜、洋葱、芹菜等切碎备用。向平底锅里加入适量黄油，用中火加热，待黄油开始融化后，加入切好的各种蔬菜，不断翻炒，防止蔬菜被炒焦。炒至蔬菜中的水分挥发，散发出香味后，将炒好的蔬菜倒入方平盘里，进行充分冷却。

2 将圆白菜去芯。在大锅里多加入些热水，将热水煮至沸腾，加入适量食盐（分量外，占热水重量的1%），将圆白菜用水煮一下。为防止卷圆白菜的时候发生破裂的情况，此阶段要将其充分煮软。内侧的叶子会自然与外侧叶子分离开，煮好之后，将圆白菜置于装有凉水的大碗里。

3 去除较大叶片的叶心，将切下的叶芯切碎，用作配料。即使很小的叶片也能够充分利用起来，因此全部叶片都要取出备用。

4 将大碗放入冰水里，放入和绞肉馅，将其打成泥状，充分搅拌至肉馅粘于容器底部。加入1中各种食材、切碎的圆白菜菜心以及A中各种食材后，充分搅拌均匀。将搅拌好的食材分成10等份，整理成圆柱形。

5 将煮好的圆白菜伸展开，包上4中整理好的肉馅。从身前慢慢将菜卷起来，（右面）一侧向里折叠起来，直至将菜叶充分卷起来，另一侧用手指将其压到菜卷里。卷菜叶的时候一定要注意，卷第一个卷之后要充分卷紧实。先卷小菜叶，在进行到大菜卷的时候才会得心应手。另外，如果卷制过程中不小心将菜叶弄碎，一定要用别的菜叶将其卷起来。

6 将5中卷好的菜叶装到锅里。选用的蒸锅以刚好能用圆白菜卷塞起来为宜。将菜卷挤在一起能够防止加热过程中菜叶散开。向锅里倒入鸡骨架汤，用强火加热。待锅中水分沸腾之后，将火调为文火，采用加盖煮的方法煮制2小时左右。煮制过程中，如果锅里水分蒸发，需要添加适量清水，直至将圆白菜卷能够盖住为宜。

奶油炖鸡肉

Ragoût de poulet à la crème

制作鸡肉类料理一定要从加水开始，这是煮制肉类料理的铁则。在鸡肉之后加入的是可以煮烂的香味蔬菜。鸡肉的香味里融入各种香味蔬菜的风味，这样做出的鸡汤味道也更加独特。这次我们选用的白奶油为白汁沙司。这道料理用鸡汤对黄油面糊进行稀释，并因此而得名。再加入些牛奶的话，做出的汤汁能够更加接近奶油状。汤汁里有鸡肉，并且也十分适合鸡汤的酱汁。此外，汤汁的浓度可根据个人喜好进行适当调整，您可以根据自身情况调整汤汁的用量。在加入牛奶的时候，加入炒过的咖喱粉后又能变身为一道咖喱风味炖鸡肉。

食材 5~6人份

食材	用量
鸡大腿肉	2片（600克）
洋葱	1小个（150克）
胡萝卜	1根（160克）
土豆	2个（300克）
香菇	10个（100克）
芜菁	1½个（150克）
花椰菜	½棵（100克）
西蓝花	½棵（100克）
豆角	100克
食盐	3克

[黄油面糊]

黄油	100克
高筋面	100克

鸡骨架汤	1.6~1.8升
牛奶	200毫升
黑胡椒粉	适量

直径24厘米的深锅

1 将鸡大腿肉撒上适量食盐，充分揉搓均匀。将腌好的鸡肉置于室温中放置30分钟以上，切成4等份备用。

2 将洋葱切成半月形，胡萝卜、土豆乱刀切好，香菇从中间切开备用。芜菁无需去皮，切成8等份，个头较小的可以切成6等份。将花椰菜和西蓝花的小瓣分开。豆角从中间切开备用。

3 将1.6升鸡骨架汤和1中处理好的鸡肉放入锅里，用强火加热。为防止加热过程中鸡肉黏连到一起，鸡块之间要留有一定的空隙。锅中热水沸腾之后，锅表面会有油沫，沸腾后稍微等待一段时间，待油沫聚到一起变成褐色时，将其全部捞出来。将火调为较强的中火，加入切好的洋葱后煮制3分钟左右。煮至洋葱变软之后，加入胡萝卜继续煮制5分钟左右。用牙签串动食材，能够穿透后，加入切好的香菇，煮制2~3分钟。煮好的食材用笊篱捞出，将食材与汤汁分开。汤汁可以代替清汤使用。此时的汤汁容量大约为1.4~1.5升。

4 将锅清洗一下，加入黄油后用文火加热，加入高筋面后翻炒一下，制作黄油面糊（参照P62）。加入3中煮好的汤汁，用打蛋器充分搅拌均匀。将食材搅拌均匀后，换成木铲从锅底将食材铲起进行充分搅拌。随着加热过程的进行，锅里的汤汁会慢慢变黏稠。

5 将3中的食材放回4中，加入切好的土豆后继续进行煮制。煮制过程中要不断对锅底进行搅拌。煮制的土豆容易碎掉，因此搅拌的时候要从锅底沿着一个方向搅拌数次，最后搅拌一圈。煮制5~10分钟，当土豆煮软之后，加入切好的豆角和芜菁。如果您不喜欢豆角的生腥味，可以事先水煮后备用。此刻汤汁的浓稠度以捞起向食材上浇时会有慢慢流下的感觉（如下图）为宜。如果您喜欢较稀的奶油炖菜，这里可以加入200毫升鸡骨架汤。

6 向锅里加入牛奶，搅拌均匀，加入花椰菜。待锅中变热之后，加入西蓝花，稍微搅拌一下，关火，利用余热将食材煮透。煮好的食材装盘，撒上适量黑胡椒粉即可。

醋味鸡肉
Poulet au vinaigre

Poulet指鸡肉，vinaigre指醋，Poulet au vinaigre就是醋煮鸡肉的意思。这是一道里昂料理，制作时我比较喜欢选用红葡萄酒醋，鸡肉带骨头为宜。煮制过程中，鸡骨头里也会渗出不一样的风味，使汤汁更加美味。烤制后的食材颜色会变深，而煮制过程中食材的颜色又会慢慢变淡，这样就能做出颜色较深的煮汁。此外，鸡肉煮制时间过长的话容易黏连到一起，因此要按照放入的时间差将其取出，最后对煮汁进行收汁即可。

食材 2人份

带骨鸡大腿肉·········· 2根（400克）
食盐················· 3克（肉量的8%）
番茄················· 4个（400克）
橄榄油···························1小勺
大蒜（带皮）···················4瓣
红葡萄酒醋···················40毫升
鸡骨架汤···················200毫升
黑胡椒粉························适量

━━直径26厘米的平底锅

1 将鸡肉大腿部分和小腿部分分开。切割的时候注意要点的把握，将刀切入5毫米左右即可。

2 将刀子深深地插入小腿部位，转动一圈，将鸡腿的跟腱部位切断，这样能够防止煮制的之后鸡肉过度收缩。

3 将切好的鸡肉撒上食盐。鸡皮部位不易渗入食盐，一定要在鸡肉一侧揉入充足的食盐。将抹好盐的鸡肉置于室温中腌制最少15分钟。您也可以提前一天撒上食盐腌制。

4 将适量橄榄油、大蒜和3中腌好的鸡肉的肉块一侧向下放入平底锅里，用较弱的中火加热。大约加热30秒之后，将鸡肉翻过来，将鸡肉慢慢向平底锅边缘滑动，加热的过程中一定要保持肉浸入油里。如果加热过程中锅中的油脂变多，扔掉多余油脂，用汤勺舀起热油浇到鸡肉上，慢慢转动鸡肉小腿，将其烤上较浓的颜色。

5 倒掉锅里的油脂，加入切成大块的番茄。稍微搅拌一下后，加入红葡萄酒醋，改为强火煮制。如果事先加入葡萄酒醋，加热过程中醋酸容易挥发掉，因此要先加入番茄煮制。加入鸡骨架汤后继续煮制。

6 大约煮制5分钟之后，取出鸡大腿。鸡肉煮制时间过久容易粘黏连，因此要注意。继续煮制5分钟后取出鸡小腿部位。

7 将6中的食材用笊篱捞出，用汤勺背将食材弄碎。

8 将过滤好的酱汁放回平底锅里，用强火收汁，煮至您喜欢的浓稠度。将鸡肉放回平底锅中稍微煮制一段时间，向锅里撒上适量黑胡椒粉即可。

蒸粗麦粉
Couscous

蒸粗麦粉原本是一道北非料理，但也深受法国人的喜爱。将鸡肉和羊羔肉放入凉鸡汤里慢慢煮热，将肉类的美味慢慢煮制出来。用风味浓郁煮汁进行泡发，蒸粗麦粉也异常美味。南瓜在煮制过程中易碎，使汤汁显得浑浊，因此可以另外煮好再添加进去。庭荠一定是必不可少的重要食材，不但能够为料理添加香味和辣味，还能够营造一种较为地道的味道。加入的时候可一点一点地放入盘子里，然后进行充分搅拌。

食材 4人份

带骨鸡大腿肉	2根（400克）
羔羊肉排	4根（440克）
番茄	4个（400克）
胡萝卜	2根（320克）
洋葱	½大个（150克）
大蒜	3瓣（30克）
芜菁	4个（400克）
西葫芦	2大个（340克）
红柿子椒	1个（130克）
南瓜	¼个（340克）
鸡骨架汤	2.5升
红辣椒	1个
藏红花	少许
欧莳萝籽	¼小勺（1.5克）
食盐	9克
蒸粗麦粉	240克
橄榄油	1大勺
庭荠	适量

— 直径21厘米的深锅

1 将鸡肉切成2块（参照P117.1~2）。在鸡肉与羔羊肉排中倒入7克食盐揉搓均匀，抹好食盐后最少放置1小时进行腌制入味。

2 将西红柿去皮（参照P125）后从中间切开，去种备用。取出的西红柿种用笊篱进行过滤，将果汁与种子分离开。

3 将鸡骨架汤、红辣椒和1中腌好的鸡肉、羊肉放入锅里，用强火加热。待锅中食材沸腾后会有浮沫浮出，稍微等待一段时间，浮沫的颜色会变深且慢慢聚集到一起，将其一起捞出即可。将火调为文火，煮制20分钟左右。

4 将胡萝卜从中间纵向切开，洋葱去芯后切成扇形，芜菁无需去皮，从中间切开，西葫芦切成4~5厘米长，柿子椒纵向切8等分，南瓜去皮后4等分备用。

5 煮制15~20分钟后，将鸡肉取出，加入切好的胡萝卜、洋葱和大蒜。大约煮制10分钟后加入切好的芜菁、西葫芦，继续煮制2~3分钟。将西红柿弄碎加到锅里，继续加入2中的番茄汁和藏红花。煮制5~6分钟后加入切好的柿子椒和欧莳萝籽，继续煮制。尝一下味道，加入2克食盐。

6 从5中的煮汁里取出240毫升，将其与橄榄油混合到一起，倒入碗里，加入蒸粗麦粉。用盘子等将容器加盖，蒸制20分钟左右。煮汁用量和蒸粗麦粉的用量要一样。

7 待蒸粗麦粉充分吸收汤汁后，将其倒入方平底盘里，用手摊开。您也可以事先将蒸粗麦粉泡好备用，在食用时直接用烤箱加热即可。

8 将南瓜加到另一个锅里，从5中取出适量煮汁，将南瓜煮至柔软即可。

食用方法采用较为地道的本土吃法，将食材、汤汁与蒸粗麦粉分别装盘，食用时将汤汁浇到食材和蒸粗麦粉上即可。在食用过程中蒸粗麦粉还会吸收汤汁，您可根据个人喜好进行适当的比例调整。

庭荠

制作蒸粗麦粉时必不可少的辣味调味料。由于加入橄榄油和各种香草后，香味较为浓郁，也适合用于单调料理的点缀和调味。市场上出售的有罐装、瓶装以及管装的品类。

法国鱼蟹羹
Bouillabaisse

这是一道普罗旺斯代表性的海鲜料理。原本这道菜是渔民们的豪爽之作，没想到也可以作为一道家庭料理被大家喜爱。这道菜的最大特色就是海鲜的鲜美。选用含胶质较多的各种海鲜经过巧妙搭配后制成，美味让人沉醉。您也没有必要一定按照食谱备鱼，但是菖鲉一定是必不可少的。梭子蟹能够增加料理的风味，如果买到康吉鳗，一定要尝试做一做。此外，还可以添加鲽鱼、石斑鱼、鳕鱼、龙虾、藜虾等。另外，制作时一定要选择一个大锅。藏红花虽较为昂贵，但用来制作能使料理香味浓郁，使料理更加美味。

食材 5~6人份

鲂鮄	1条
菖鲉	1条
鲲鱼	1条
鳕鱼	4条
康吉鳗	1条

＊鱼类合计约1.3~1.8千克。

梭子蟹	1只（350~400克）
A ┌ 食盐	适量
橄榄油	适量
└ 绿茴香酒	适量
番茄	6个（600克）
洋葱	1小个（150克）
韭葱	150克
大蒜	2瓣（20克）
陈皮（约1.5厘米宽、7厘米长）	3片
鸡骨架汤	1.4升
白葡萄酒	150毫升
藏红花	少许
B ┌ 绿茴香酒	50毫升
└ 橄榄油	50毫升
辣油汁（参照P59）	适量
长棍面包（结合口味）	适量

直径30厘米×10厘米的锅

对藏红花用克进行计量有点困难，一般"少许"为取到手掌后如图这种状态即可。这种用量用于制作法国鱼蟹羹即可。

1 将各种鱼去鳞、去内脏后清洗干净，去背鳍、尾鳍，去掉整根鱼骨。较大的鱼可以切成2~3等份。将螃蟹去壳，取出内脏，从中间切开。如果买鱼的时候直接让海鲜店帮忙去鳞、去内脏，制作起来会更加方便。将A中的食材多加一些到鱼上，鱼肚也要充分揉入适量食盐。浇上A中的橄榄油和绿茴香酒。

2 将番茄去皮（参照P125），从中间切开，去种。将番茄用笊篱过滤，将种子与汁液分开，制作时用汁液即可。将洋葱切成扇形，韭葱切成1厘米小块，大蒜从中间切开备用。

3 将鸡骨架汤以及**2**中除番茄种以外的全部食材、陈皮、白葡萄酒、藏红花加到锅里，用强火加热。

4 煮制4~5分钟，锅中食材沸腾后，加入B中食材以及**1**中除鳕鱼之外的全部鱼肉，用加盖的方法进行煮制。用强火煮制1~2分钟之后，稍微煮制一段时间，向锅里加入鳕鱼和弄碎的番茄果肉，再次加盖煮制。煮制2~3分钟即可完成制作。

最后结合个人口味加入适量辣油汁和长棍面包即可。当地人地道的吃法是先从品汤开始，然后再慢慢品尝食材的美味。

绿茴香酒

用艾蒿、大茴香等各种香草制成的利口酒。强烈的芳香气味为其主要特点，多用于调制鸡尾酒，也常被用于制作法国鱼蟹羹等料理。如果没有，可以用白葡萄酒代替。

文蛤杂烩汤

Soupe de palourdes (clam chowder)

这是发祥于美国东海岸的一道汤类料理。以牛奶为基础食材制作出的奶油状文蛤杂烩汤具有新英格兰风情，加入番茄后又变身曼哈顿风格。料理充分凸显出熏猪肉的香味和洋葱的甜味，土豆则增加整道料理的浓稠度。制作时需要将土豆煮碎，增加汤汁的浓稠度，因此建议您选用男爵品种。这道料理的美味要点是一定要在短时间内完成制作。加热时间过长的话，花蛤肉容易变硬，将花蛤加到锅里后，短时间内就要关火完成整个料理的制作。

食材 3～4人份

花蛤	800克
水	100毫升
A ┌ 熏猪肉	30克
├ 洋葱	1个（200克）
├ 芹菜	1小根（70克）
└ 土豆（男爵）	2个（200克）
黄油	30克
鸡骨架汤	800毫升
牛奶	40毫升
鲜奶油	40毫升
芹菜（切碎）	适量
黑胡椒粉	适量
咸味饼干	适量

〰 直径27厘米的带盖浅锅
〰 直径21厘米的深锅

1 将花蛤放入3%的盐水（分量外）中，置于阴凉黑暗的地方，使花蛤将砂子吐出来。

2 将A中全部食材切成1厘米小块状。

3 制作时选用的浅锅以摆入两层花蛤后上面还能留有一定的空间为宜。将浅锅置于强火上加热，放入清洗好的花蛤，倒入凉水后，立即加盖将花蛤蒸一下。加热过程中要时不时地打开锅盖查看锅里的加热状态，将花蛤搅开。加热2分钟左右，花蛤开口之后，在旁边锅上放一个笊篱，将开口的花蛤取出置于笊篱上。只需稍微张口即可。锅里的煮汁也要用笊篱过滤。将花蛤肉从壳上取下，用一半花蛤壳或者汤勺将肉弄下来即可。

4 将黄油、熏猪肉加到深锅里，用文火翻炒。炒出香味后，加入切好的洋葱，稍微搅拌一下。加入切好的芹菜和鸡骨架汤，使汤汁刚好能够没过食材（炒洋葱时加入水的作用请参照P127），将锅里的洋葱煮制一会后翻炒一下。翻炒至锅里水分挥发，洋葱变软之后，加入切好的土豆翻炒，加入剩余鸡骨架汤，用强火煮制。加热时为防止土豆黏连到一起，要对锅底部位进行充分搅拌，直至食材沸腾为止。

5 加热至土豆变软、稍微出现黏稠感后，将3中的花蛤煮汁用纸巾过滤之后加到锅里，用强火加热。锅里出现泡沫等后捞干净。

6 向锅里加入牛奶、鲜奶油后，稍微搅拌一下。加入取出的花蛤肉，关火。加入花蛤肉之后，无需煮制，直接关火。装盘，撒上芹菜、黑胡椒粉，放上咸味饼干即可。

让料理味道浓郁、美味的调料

奶酪

本书中主要选用的奶酪有以下4种。有法国最古老奶酪之称的罗克福尔干酪（左上）是世界著名三大青霉奶酪的一种，具有任何奶酪都无法代替的独特风味，是我最喜爱的一种奶酪。孔泰奶酪（右上）是产自法国东部侏罗山脉的一种熟成型硬质奶酪，风味丰满、独特，其自然风味深受大家喜爱。孔泰奶酪不会像罗克福尔干酪味道那样浓郁，但也是美味不可或缺的重要食材。另外，孔泰奶酪不像帕尔马奶酪那样干巴，您无需弄碎，只要切成薄片即可。格吕耶尔干酪（右下）原产自瑞士的格吕耶尔一带，法国料理中主要将其用于鸡蛋羹、洋葱奶酪汤等料理制作。当您想要制作出较为浓郁的黏稠口感的料理时，建议您选用格吕耶尔干酪。帕尔马奶酪（左下）素有意大利奶酪之王的美誉，是一种较为坚硬的超硬质奶酪，富含氨基酸，适合用于打造个性十足的料理。

颗粒状芥末

如果您想要更加浓郁芳香的芥末味道，强烈建议您选用颗粒状芥末。芥末粒未经磨粉操作，直接添加，具有比第戎芥末更加浓郁的味道。

红葡萄酒醋

例如，在制作煮制料理的时候，如果想要制作出富有韵味的浓郁味道，可以选择添加适量的红葡萄酒醋。由于葡萄酒醋在制作的时候也选用了葡萄酒皮，因此其味道较为浓郁。以前，人们一般会选用白葡萄酒醋来制作酱汁，如果想要在料理中体现出葡萄酒醋的存在感，就要添加红葡萄酒醋。但是，实际制作时如果没有白葡萄酒醋，可以用米醋代替。充分利用手头现有的食材进行制作未尝不能制作出惊人的味道。

鳀鱼（鱼片）

将日本鳀鱼盐渍之后，经过熟成、发酵等过程，加入橄榄油后保存的食材。这是普罗旺斯料理中必不可少的重要调料。我一般会选用鳀鱼片。用来制作较为浓郁的汤汁时，鳀鱼罐头里的腌渍汁也可以直接利用起来。使用剩余的部分可以直接放入橄榄油中进行腌渍，也可以涂抹于三明治上，夹生菜后直接食用。作为调味料使用时，选用鳀鱼酱亦可。

雪利酒醋

雪利酒醋是酸味较强酱汁或者料理中不可或缺的重要调料。以甘醇清爽的甜味、温和的风味深受大家喜爱。可单独添加使用，也可以加入红葡萄酒醋使用。制作酱汁等的时候十分美味。

韭葱

其英语名称为leek。与大葱相比，韭葱更加滑腻，加热之后甜味、香味更加浓郁。

泡菜黄瓜

较小的黄瓜被称为cornichon。泡菜是用醋制成的腌渍食材的总称。只需用食盐和醋进行制作，没有甜味的酸爽口感是其主要特征。主要适用于制作肉类料理。酸味能够凸显出肉类的风味。

蔬菜的处理工作

热水烫番茄

这是将番茄去皮的一种基础操作。即使经过加热，番茄皮也不会变软，放在嘴里也不能给人很好的口感。经过加热之后，番茄皮慢慢收缩，能够很好地剥离掉。

将番茄前端用较细的小刀倾斜挖入，抠掉番茄蒂，另一侧划上十字划口。

将锅里的热水煮沸，待锅里的水完全沸腾后，加入处理好的番茄，煮制6~7秒后立即取出。

将取出的番茄立即放入凉水里进行冷却。

待番茄冷却之后，用刀子挑起番茄皮，将皮去掉。

烤番茄

如果使用的番茄数量过少，对其进行烘烤后再去皮的操作较为简便。叉子要用即使会烤变色也容易清洗干净的那种。

将叉子插入番茄蒂部位，将番茄直接置于火上均匀烘烤。烤制过程中番茄皮会裂开，将裂开的番茄直接置于凉水中进行冷却，最后去皮即可。

烤柿子椒

由于柿子椒的外皮较为坚硬，去掉外皮后制作出的料理口感更好。此外，经过加热之后，果肉也会变软，口感更好。但是，如果您想要保留食材的新鲜口感，建议您不要进行烤制，直接剥皮处理即可。

将烧烤用烤网置于强火上（或者烤架），放上柿子椒后，将其整体烤黑。

将烤好的柿子椒置于凉水中冷却，去掉外面一层黑皮即可。

芦笋的处理方法

芦笋收割之后，经过一段时间，外皮就容易变干、变硬。一定要将芦笋较为坚硬的部位去掉，留下较为柔软的部分。

去掉叶鞘，查看叶鞘周围，有小枝的部位不要去掉。

从根部大约5厘米的位置弯曲芦笋，从开始弯曲的部位切开。这样就能去掉较为坚硬的根部。

继续对较为坚硬的部位去皮。

番茄罐头的过滤操作

这是用番茄罐头制作出美味料理的主要前提。番茄罐头一定要充分过滤后再进行烹调。饭店里一般会选用过滤漏斗进行该操作，如果没有也可以选用笊篱。

将笊篱置于碗上，放上番茄罐头，用手按压番茄，使其从笊篱眼中流到碗里。

白芦笋的去皮

白芦笋本身带有一层较厚的硬皮，因此需要去掉厚厚一层外皮再进行烹调。将整体均匀去皮之后，切出的断面才会更加圆滑、平整。

转动芦笋，从穗尖开始用刮皮器去皮。

去好皮的白芦笋不会凹凸不平，整体圆滑，不带有硬筋。

用擦丝器擦细丝

为了使酱汁充分将食材浸润起来，增加沙拉等料理的风味，可以将食材用擦丝器擦成细丝后进行制作。用菜刀等切出的细丝表面较为光滑，用擦丝器擦出的菜丝表面凹凸不平，表面积较大，能够更好地吸收到酱汁的味道。

沿长度将食材擦细丝。

蔬菜的处理工作

将西蓝花分成小瓣

"将西蓝花分成小瓣"是指将西蓝花长到一起的部分一小块一小块地分开,中间的硬芯也要充分利用起来才行。

从西蓝花小瓣的根部入手,用菜刀将小瓣切掉。

处理剩余中间较大的块茎部位时,较为细嫩的地方可直接切下来,切的时候要注意大小保持一致。

茎部较为坚硬的部位切成3~5厘米长,周围去皮,去掉外面一层较为坚硬的硬筋。

洋葱的切法

切洋葱(不仅仅是洋葱,其他食材也是如此)的时候,为了之后的制作过程能够均匀受热,一定要将其切得大小均一,这样看起来也赏心悦目。另外,洋葱外皮已经干巴、有褶皱或发黄的部位在煮制、炒制后都不是太美味,因此切的时候要全部去掉。

将洋葱从内侧向外侧分成3等份之后,分别切均匀即可。

沿纹络去皮

纵向间隔1~2厘米去皮即"沿纹络去皮"。采用这样的去皮方式不仅能够使食材快速熟透,味道更好渗入,还能够使食材呈现较为美观的成色。黄瓜皮味道较为浓郁,这样去皮还能够起到中和味道的作用。

采取等间隔去皮的方法比较适合用刮皮器去皮。

盐渍洋葱、黄瓜

在食材上撒适量食盐,轻轻揉搓的操作就是盐渍。通过盐渍,能够去除食材的黏腻感,增加口感,食材不同最终得到的效果也不尽相同。洋葱和黄瓜本身带有的辣味和涩味,制作后会成为影响料理美味的杂味,将其去除能够提升料理的口感和味道。

撒上食盐,用手揉搓开。

食材溢出水分后,将其放入水里清洗,充分拧干水分即可。

去角

去角是指将切块的食材切圆,切成一口大小,这样能够防止蔬菜煮碎。

将切口部位的尖角用刀子削掉,使其变得圆滑。

案板揉搓

对秋葵等食材进行案板揉搓的目的是去除食材表面的细毛,使表面变得光滑,食材颜色更加鲜艳。同时还有去除食材涩味的作用。

将秋葵蒂较硬的部位用刀切掉。

将秋葵置于案板上,撒上适量食盐。用手掌转动秋葵,对其进行揉搓,使食盐渗到里面。

蔬菜的处理工作

将土豆水煮后去皮

煮制土豆时，要将其置于水中慢慢煮制。如果加热时间过久，土豆会变成泥状，具有黏着性。煮制时不一定要将锅里煮成翻滚沸腾状，只需保持较小气泡、慢慢受热即可。在店里，我们一般煮制4~5个土豆需要1小时左右。如果着急的情况下，您也可以适当缩短时间。

将清洗好的土豆以及大量清水加到锅里，用强火加热。煮至锅里清水沸腾翻滚后，将火调为文火。

用钎子串动土豆，如果能够穿透即表示土豆熟透。

沥干热水，将土豆去皮。如果很热，可以用纸巾或者抹布辅助去皮。

炒洋葱

对洋葱进行翻炒的目的是将洋葱的甜味炒出来。洋葱经过加热后会变甜，但如果变焦，一切操作都是白费。为了让洋葱充分熟透，翻炒过程中要加入适量清水，开始翻炒时加入即可。加热过程中要不断进行搅拌，采用较弱的文火为宜。锅里水分变少容易受热不均，因此翻炒至锅中水分减少时要加入2~3大勺水补充。翻炒至洋葱的辣味消失，出现甜味后，即可以完成炒制。不管是切碎的洋葱还是切成块状的洋葱，其翻炒方法都是一样的。

最开始加入的水分以刚好没过洋葱为宜。

如果锅中水分不够，洋葱容易炒焦。最后炒好的洋葱也是白色的，因此看到锅中水分不足时，要及时补充添加。

TITLE：［ル・マンジュ・トゥー谷昇シェフのビストロ流ベーシック・レシピ］
BY：[谷 昇]

Copyright © Noboru Tani,2013
Original Japanese language edition published in 2013 by Sekai Bunka Publishing Inc.
All rights reserved. No part of this book may be reproduced in any form without the written permission of the publisher.
Chinese (in Simplified Character only) translation rights arranged with Sekai Bunka Publishing Inc., Tokyo through Nippon
Shuppan Hanbai Inc.

本书由日本株式会社世界文化社授权北京书中缘图书有限公司出品并由煤炭工业出版社在中国范围内独家出版本书中文简体字版本。
著作权合同登记号：01-2016-2431

图书在版编目（CIP）数据

零基础法式家庭料理／（日）谷升著；于春佳译
.-- 北京：煤炭工业出版社，2016
ISBN 978-7-5020-5476-2

Ⅰ．①零… Ⅱ．①谷… ②于… Ⅲ．①西式菜肴 – 菜
谱 – 法国 Ⅳ．① TS972.188

中国版本图书馆 CIP 数据核字（2016）第 202172 号

零基础法式家庭料理

著　　者	（日）谷升	译　　者	于春佳
策划制作	北京书锦缘咨询有限公司（www.booklink.com.cn）		
总 策 划	陈 庆	策　　划	李 伟
责任编辑	马明仁	特约编辑	郭浩亮
设计制作	王 青		

出版发行　煤炭工业出版社（北京市朝阳区芍药居 35 号　100029）
电　　话　010-84657898（总编室）
　　　　　010-64018321（发行部）　010-84657880（读者服务部）
电子信箱　cciph612@126.com
网　　址　www.cciph.com.cn
印　　刷　北京彩和坊印刷有限公司
经　　销　全国新华书店

开　　本　787mm×1092mm¹/₁₆　印张　8　字数　150　千字
版　　次　2016 年 11 月第 1 版　2016 年 11 月第 1 次印刷
社内编号　8339　　　　　　　定价　46.00 元